Paulo Sérgio Brunner Rabello

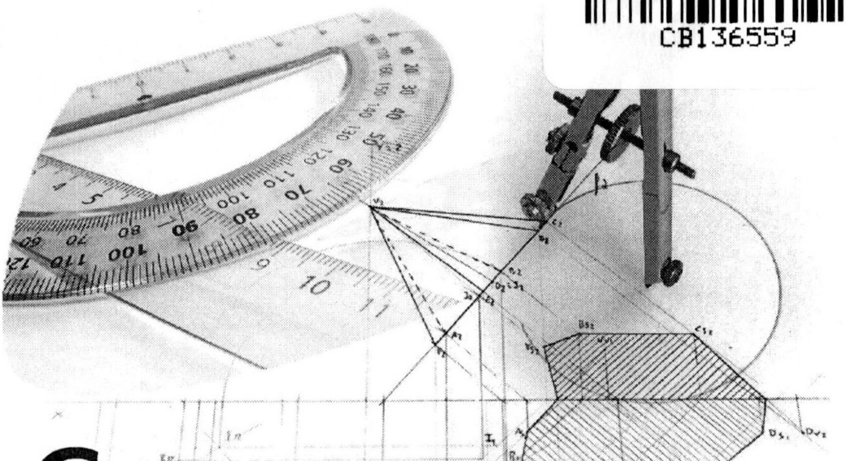

Geometria Descritiva

Fundamentos e Operações Básicas

EDITORA CIÊNCIA MODERNA

Editor: Paulo André P. Marques
Produção Editorial: Aline Vieira Marques
Capa: Daniel Jara
Diagramação: Carlos Arthur Candal
Copidesque: Equipe Ciência Moderna
Assistente Editorial: Dilene Sandes Pessanha

FICHA CATALOGRÁFICA

RABELLO, Paulo Sérgio Brunner.

Geometria Descritiva – Fundamentos e Operações Básicas

Rio de Janeiro: Editora Ciência Moderna Ltda., 2021.

1. Matemática 2. Geometria Descritiva
I — Título

ISBN: 978-85-399-0730-4 CDD 510
516.6

Editora Ciência Moderna Ltda.
R. Alice Figueiredo, 46 – Riachuelo
Rio de Janeiro, RJ – Brasil CEP: 20.950-150
Tel: (21) 2201-6662/ Fax: (21) 2201-6896
E-MAIL: LCM@LCM.COM.BR
WWW.LCM.COM.BR **04/21**

Apresentação

Este livro é o resultado de estudos e pesquisas feitas pelo autor durante os anos que tem ministrado as disciplinas Geometria Descritiva e Desenho Básico nos cursos de Engenharia da Universidade do Estado do Rio de Janeiro e que foram consolidadas durante o semestre sabático realizado no Departamento de Técnicas de Representação da Escola de Belas Artes da Universidade Federal do Rio de Janeiro.

Ficou claramente confirmado que a Geometria Descritiva ensinada (?) hoje, nos cursos de engenharia não está ensejando a percepção espacial dos alunos para os fenômenos geométricos, bloqueando o entendimento do mecanismo da dupla projeção ortogonal. Além disso, a exiguidade da carga horária não permite que o professor consiga chegar à representação de projeções de figuras tridimensionais e muito menos às seções planas e respectivas verdadeiras grandezas. Isso faz com que a disciplina se torne enfadonha, desinteressante e inútil, porque o aluno não conseguirá fazer a necessária ligação do método mongeano com as vistas ortográficas, o que deveria ser o objetivo maior para os cursos básicos de engenharia.

Evidentemente, não é possível ensinar em 60 horas-aula o que era transmitido em, pelo menos, dois anos do ensino médio. Por isso, nos propomos criar uma nova forma de ensinar Geometria Descritiva, alterando a sequência clássica adotada em livros e apostilas e retirando determinados tópicos que julgo desnecessários para os objetivos a serem atingidos. Como poderá ser visto, alguns assuntos passaram a ser aplicações da teoria ensinada, tais como representação de figuras tridimensionais e seções planas. Deste modo, acredito que, entre 45 horas-aula (mínimo admissível) e 60 horas-aula (ideal) a Geometria Descritiva possa ser ensinada e mostrada como ferramenta indispensável para os profissionais que vão lidar com projetos que carecem de representação gráfica.

Rio de Janeiro, 30 de setembro de 2011
Paulo Sérgio Brunner Rabello

Sumário

Capítulo 1
Notações Utilizadas em Projeções Ortogonais

1.1) Considerações Iniciais

A Geometria Descritiva concebida por Gaspar Monge é a parte da Matemática que estuda as figuras e as formas geométricas por suas projeções ortogonais sobre dois planos perpendiculares entre si. Tal procedimento caracteriza o chamado *método mongeano* ou *método da dupla projeção ortogonal*.

Considerando como referência o espaço que ocupamos, um dos planos é chamado *plano horizontal de projeção*. O outro plano, naturalmente, é chamado *plano vertical de projeção*. A reta de interseção entre os planos de projeção é chamada *linha de terra*.

As figuras passíveis de expressão gráfica podem ser representadas, basicamente, por uma imagem perspectiva ou por suas projeções ortogonais. A imagem perspectiva, desenho perspectivo ou simplesmente perspectiva, mostra a figura como é vista por nossos olhos. As projeções ortogonais compõem o desenho projetivo de uma figura e mostram como realmente ela é. O desenho projetivo, ou seja, a representação gráfica das projeções ortogonais de uma determinada figura é comumente chamada de épura desta figura.

As figuras geométricas são aquelas que podem ser caracterizadas por uma equação (algébrica ou transcendente) ou obedecem a uma lei de formação. Tais figuras são o objeto de estudo da Geometria Descritiva e são constituídas por pontos, retas, segmentos de reta, planos, porções planas, curvas, segmentos de curvas ou porções de superfícies. Um segmento de reta, por exemplo, pode ser entendido como um deslocamento limitado de um ponto, segundo uma direção ou simplesmente um determinado trecho de uma reta. Um prisma regular, por outro lado, é uma figura tridimensional constituída por um número limitado de faces laterais retangulares adjacentes (porções planas iguais) e por duas bases poligonais regulares (também porções planas). A esfera é uma superfície curva fechada que goza da propriedade de ser um lugar geométrico dos mais importantes, mas pode ser definida como uma superfície de revolução.

A perspectiva de uma figura é de grande ajuda para entender sua forma, facilitando assim a construção de suas projeções ortogonais. Nas soluções de vários problemas e mesmo na explicação de determinados procedimentos da Geometria Descritiva o uso da perspectiva torna-se uma ferramenta indispensável. O desenho perspectivo, como já foi dito, é a representação gráfica de uma figura tal como ela é vista por um observador posicionado num determinado local.

Tanto na perspectiva como no desenho projetivo, os elementos geométricos que constituem uma figura devem ser identificados por uma notação própria que não dê margens a dúvidas sobre o que está sendo representado.

1.2) Identificação Geral dos Principais Geométricos

1.2.1) Pontos

Os pontos são identificados por letras latinas maiúsculas ou por algarismos arábicos.

Ex: A, B, C,... M,N,P,Q, etc. ou 1, 2, 3, etc.

Alguns pontos são especiais e, sempre que possível, devem ser identificados especificamente. São eles:

- H: traço horizontal de retas;
- V: traço vertical de retas;
- I: traço de retas no plano bissetor ímpar;
- P: traço de retas no plano bissetor par.

1.2.2) Retas

As retas são identificadas por letras latinas minúsculas.

Ex: a, b, c, etc.

Algumas retas ocupam posições particulares no espaço e, tal como alguns pontos, devem, sempre que possível, ser identificadas especificamente. São elas:

- h: retas horizontais;
- f: retas frontais;
- v: retas verticais;

- p: retas de perfil;
- t: retas de topo;
- i: retas de interseção de dois planos.

1.2.3) Planos e Superfícies

Os planos e as superfícies, em geral, são identificadas por letras gregas minúsculas.

Ex: α, β, γ, δ, etc.

Alguns planos são especiais e ocupam posições particulares no espaço e, por isso, devem, obrigatoriamente, ser identificados especificamente. São eles:

- π, π_1, π_2,π_3 etc.: planos de projeção;
- β_{13}: plano bissetor ímpar;
- β_{24}: plano bissetor par.

1.2.4) Ângulos

Tal como planos e superfícies, os ângulos também são identificados por letras gregas minúsculas.

Alguns ângulos caracterizam determinadas condições e, sempre que necessário, devem ser identificados especificamente. São eles:

1) μ: ângulo que uma reta ou um plano faz com o plano horizontal de projeção;

2) ρ: ângulo que uma reta ou um plano faz com o plano vertical de projeção.

1.2.5) Interseção de Planos

1) interseção de planos com planos de projeção
   Emprega-se a letra grega que identifica o plano seguida da identificação do plano de projeção.

Ex: $\alpha\pi$, $\beta\pi_1$, $\gamma\pi_2$, etc.

2) interseção de dois planos, em geral.
   A identificação é feita pela reta de interseção dos planos. Sempre que possível utiliza-se a letra i, minúscula.

1.3) Identificação de Elemtentos Geométricos no Espaço

Os elementos geométricos no espaço recebem, respectivamente, as mesmas identificações referenciadas no item 2.0, diferenciadas apenas por serem apresentadas entre parênteses.

1.3.1) Pontos

Ex: (A),(B), (C)... (M), (N)... (H), (V), (P), (I)...(1), (2), (3), etc.

1.3.2) Retas

Ex: (a), (b), (c)...(f), (h),(i)...(m), (n), (p),(q), (r), (s),(t),(v), etc.

1.3.3) Planos

1) Planos de Projeção
   Ex: (π), (π_1), (π_2), (π_3), etc.

2) Planos em geral)
   Ex: (α), (β), (γ), etc.

1.3.4) Interseção de Planos

1) Interseção dos planos de projeção:
   Esta reta de interseção é chamada **linha de terra** e é representada no espaço por $(\pi\pi')$.

2) Interseção de Planos com Planos de Projeção
   Ex: $(\alpha\pi)$, $(\alpha\pi_1)$, $(\beta\pi_1)$, $(\beta\pi_2)$, etc.

3) Interseção de dois Planos em Geral
   É Identificada pela reta de interseção.
   Sempre que possível, usa-se a letra (i) minúscula.

1.4) Identificação das Projeções no Plano Horizontal

1.4.1) Identificação do Plano Horizontal de Projeção no Espaço: (π)

As projeções de elementos geométricos no plano horizontal de projeção (π) se identificam tal como no espaço, mas perdem os parênteses.

1.4.2) Projeções Horizontais de Pontos

Ex: A, B, C...M, N...H, V, P, I...1, 2, 3, etc.

1.4.3) Projeções Horizontais de Retas e Curvas

Ex: a, b, c ... m, n, p, q , r, s, t, etc.

1.4.4) Projeções Horizontais de Porções Planas

Porções planas não são representáveis em épura.

1.4.5) Interseção de Planos

- Interseção dos Planos de Projeção: $\pi\pi'$
- Interseção de Planos em Geral com o Plano de Projeção Horizontal (π): Ex: $\alpha\pi$, $\beta\pi$, $\gamma\pi$, etc.
- Interseção de Dois Planos em Geral:
  É identificada pela projeção horizontal da reta de interseção. Se for utilizada a reta (i), a projeção horizontal será i.

1.5) Identificação das Projeções no Plano Vertical

1.5.1) Identificação do Plano Vertical de Projeção no Espaço: (π')

As projeções de elementos geométricos no plano vertical de projeção (π') se identificam tal como no plano horizontal, mas ganham uma tarja do tipo ‘.

1.5.2) Projeções Verticais de Pontos

Ex: A', B', C'... M', N'...H', V', P', I'...1', 2', 3', etc.

1.5.3) Projeções Verticais de Retas e Curvas

Ex: a', b', c'... m', n', p', q', r', s', t', etc.

1.5.4) Projeções Verticais de Porções Planas

Porções planas não são representáveis em épura.

1.5.5) Interseção de Planos

- Interseção dos Planos de Projeção: $\pi\pi'$
- Interseção de Planos em Geral com o Plano de Projeção Vertical (π'): Neste caso, a tarja é colocada somente no plano vertical de projeção Ex: $\alpha\pi'$, $\beta\pi'$, $\gamma\pi'$, etc.
- Interseção de Dois Planos em Geral: É identificada pela projeção vertical da reta de interseção., Se for utilizada a reta (i), a projeção vertical será i'.

1.6) Identificação das Novas Linhas de Terra Após Mudanças de Plano de Projeção

Após mudanças de planos de projeção, as interseções a seguir são linhas de terra de novos sistemas criados:

- Interseção de Plano Horizontal com Novos Planos Verticais de Projeção:
  No espaço: $(\pi\pi_1')$, $(\pi\pi_2')$, $(\pi\pi_3')$, etc.
  Na épura: $\pi\pi_1'$, $\pi\pi_2'$, $\pi\pi_3'$, etc.
- Interseção de Plano Vertical com Novos Planos Horizontais:
- No espaço: $(\pi'\pi_1)$, $(\pi'\pi_2)$, $(\pi'\pi_3)$, etc.
- Na épura: $\pi'\pi_1$, $\pi'\pi_2$, $\pi'\pi_3$, etc.
- Interseção de novos Planos Horizontais com Novos Planos Verticais e Vice-Versa:
- No espaço: $(\pi_1\,\pi_1')$, $(\pi_2'\,\pi_1)$, $(\pi_2\,\pi_2')$, etc.
- Na épura: $\pi_1\,\pi_1'$, $\pi_2'\,\pi_1$, $\pi_2\,\pi_2'$, etc.

1.7) Identificação das Projeções Após Mudanças de Plano de Projeção ou Após Rotações

Após mudanças de planos de rotação ou de rotações em torno de um eixo (vertical ou horizontal), os elementos reprojetados ou rotacionados recebem índices subpostos à respectiva projeção, da seguinte forma:

- Pontos

Ex: (P) $\begin{cases} P' \rightarrow P_1' \\ P \rightarrow P_1 \end{cases}$

- Retas e Curvas

Ex: (C) $\begin{cases} c' \rightarrow c_1' \\ c \rightarrow c_1 \end{cases}$

1.8) Identificação das Projeções Após Rebatimentos

Após rebatimentos (rotação em torno de um dos traços do plano até que esta se superponha a um dos planos de projeção) as projeções dos elementos das figuras rebatidas, tal como nas rotações, recebem, na épura, índices subpostos às respectivas projeções, da seguinte forma:

- Traço Vertical do Plano Rebatido Sobre (π):
  $\alpha\pi'$ após o rebatimento passa a ser $\alpha\pi_1$
- Traço Horizontal do Plano Rebatido sobre (π'):
  $\alpha\pi$ após o rebatimento passa a ser $\alpha\pi_1'$

1.8.1) Rebatimento em Torno do Traço Horizontal do Plano

- Pontos
  Ex: (P) → P_1
- Retas e Curvas
  Ex: (c) → c_1

1.8.2) Rebatimento em Torno do Traço Vertical do Plano

- Pontos
  Ex: (P) → P_1'
- Retas e Curvas
  Ex: (c) → c_1'

Capítulo 2

Fundamentos da Geometria Descritiva

2.1) Considerações Iniciais

A ideia de projeção é quase que intuitiva, uma vez que a ocorrência se dá em diversos segmentos do nosso cotidiano. Trata-se de um fenômeno físico que acontece normalmente na natureza ou que pode ser produzido artificialmente pelo homem.

Vejamos os seguintes exemplos:

1º) Ao incidirem sobre uma placa opaca, os raios solares produzem sobre a superfície de um piso claro, uma figura escura que chamamos comumente de sombra. O contorno da sombra nada mais é que a projeção do contorno da placa na superfície do piso.

2º) As imagens que vemos numa tela de cinema são as projeções dos fotogramas contidos na fita de celuloide quando sobre eles incidem os raios luminosos emitidos pela lâmpada do projetor.

O Sol, no primeiro exemplo, e a lâmpada do projetor, no segundo, são o que chamamos *centros projetivos* e os raios solares e os raios luminosos são chamados *raios projetantes*.

A placa opaca e os fotogramas da fita são as *figuras objetivas* ou *objetos*.

O contorno da sombra assim como as imagens produzidas na tela de cinema são *figuras projetadas* ou *projeções* nas superfícies do piso e da tela de cinema, respectivamente.

Quando a superfície de projeção é plana dizemos que é um *plano de projeção*.

Em resumo, para que ocorra uma projeção é necessário que estejam presentes os seguintes elementos:

a) centro projetivo – emissor dos raios projetantes, identificado como (O);

b) figura objetiva ou objeto – figura a ser projetada, identificada como (f);

c) plano de projeção – plano onde será formada a figura projetada, identificado como (π).

Os raios projetantes partem do centro projetivo, passam pelos pontos que definem a figura objetiva e, ao interceptarem o plano de projeção, produzem a figura projetada ou, de um modo geral, a projeção do objeto.

2.2) Classificação das Projeções

Para todos os efeitos, a superfície de projeção será sempre plana.

As projeções são classificadas em função da distância do centro projetivo ao plano de projeção e da direção dos raios projetantes em relação a este plano.

O centro projetivo é *próprio* e indicado por (O), quando sua distância ao plano de projeção é mensurável. Nesta situação os raios projetantes se propagam segundo um feixe de retas, porém somente aqueles que passam pelos pontos que caracterizam a figura objetiva são considerados, tal como mostrado na figura 01. A superfície criada pelos raios projetantes é, tipicamente, uma superfície cônica. Por isso uma projeção com estas características é chamada *projeção cônica.*

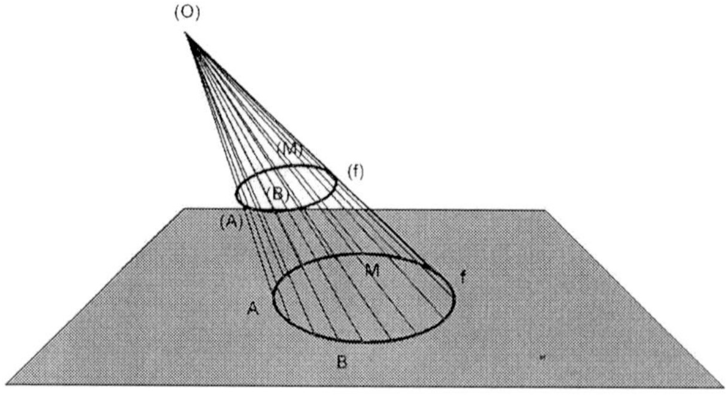

Figura 01

Quando a distância do centro projetivo ao plano de projeção é imensurável, o centro projetivo é impróprio e indicado por (O_∞). Nesse caso os raios chegam ao plano de projeção segundo retas paralelas. Tal como no caso anterior, somente os raios que passam pelos pontos que caracterizam a figura são considerados.

Quando o centro projetivo é impróprio, dependendo da direção dos raios projetantes em relação ao plano de projeção, ou seja, se oblíquos ou perpendiculares, as projeções ainda serão classificadas respectivamente como:

I. projeção oblíqua;

II. projeção ortogonal.

As figuras 02-a 02-b mostram, respectivamente, exemplos genéricos de uma projeção oblíqua e de uma projeção ortogonal.

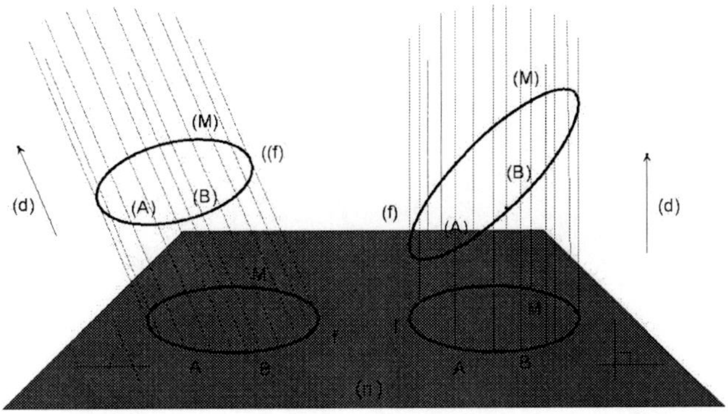

Figura 02-a Figura 02-b

2.3) Projeções Ortogonais

2.3.1) Projeção da Figura Objetiva num Único Plano: Projeções Cotadas

Imaginemos que a figura (f) que se quer projetar ortogonalmente num plano (π), suposto horizontal, seja um triângulo (ABC), de vértices (A), (B) e (C), tal como mostrado na figura 03.

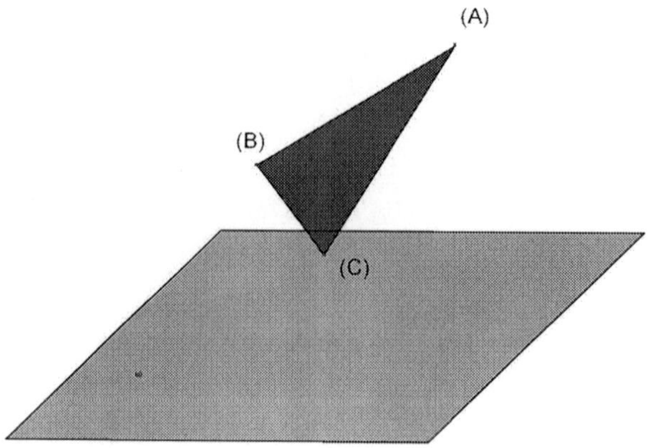

Figura 03

Temos então que:

(f) ≡ (ABC)

Nomeamos (π) Plano Horizontal de Projeção, ou, para simplificar, PHP.

Os raios projetantes partem de um centro projetivo impróprio (O_∞) e incidem perpendicularmente sobre (π). Como, para definir um triângulo basta conhecer seus vértices, para obter a projeção de (f) em (π) bastará conhecer as projeções ortogonais de (A), (B) e (C). Tais projeções serão as interseções dos raios projetantes que passam, respectivamente, por (A), por (B) e por (C) com o plano (π), conforme mostrado na figura 04. Os pontos A, B e C definem a projeção ortogonal de (f) em (π). Como era de se esperar, os pontos A, B e C são suficientes para definir a projeção horizontal de (f), o que nos permite escrever:

$f \equiv ABC$

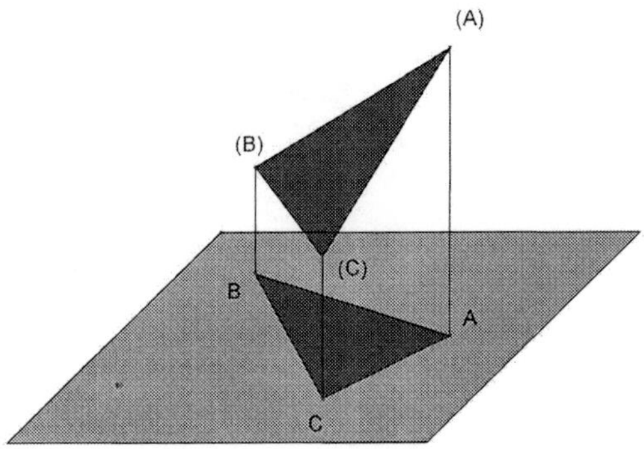

Figura 04

Chama-se *cota* de um ponto à distância deste ponto a um plano horizontal tomado como referência. Logo, as distâncias de (A) a (π) de (b) a (π) e de (C) a (π) são, respectivamente, as cotas de (A), de (B) e de (C). Podemos escrever que:

a) cota de (A) = $z_{(A)}$ = d {(A), (π)} = d {(A), A}
b) cota de (B) = $z_{(B)}$ = d {(B), (π)} = d {(B), B}
c) cota de (C) = $z_{(C)}$ = d {(C), (π)} = d {(C), C}

Nessas condições, (f) e f, são figuras correspondentes e f é dependente exclusiva de (f) e de nenhuma outra mais.

Mas, se por outro aspecto, um determinado ponto (M) estiver localizado no mesmo raio projetante que passa por (A); se um ponto (N) estiver no mesmo raio projetante que passa por (B) e se (P) estiver localizado no mesmo raio projetante que passa por (C), de tal sorte que:

$z_{(M)} \neq z_{(A)}$
$z_{(N)} \neq z_{(B)}$
$z_{(P)} \neq z_{(C)}$

O triângulo (MNP) será completamente diferente do triângulo (ABC), tal como mostrado na figura 05. Logo:

(g) ≡ (MNP) Þ (g) ≠ (f)

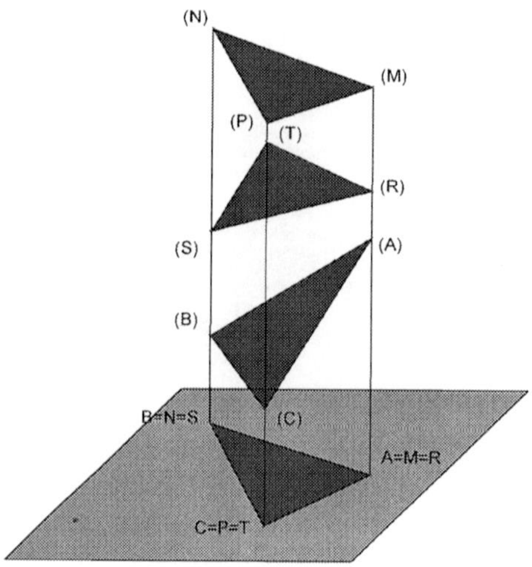

Figura 05

Ainda na figura 05, observamos, entretanto, que:

M ≡ A
N ≡ B
P ≡ C

Assim sendo, uma figura projetada num único plano de projeção pode ser a projeção de infinitas figuras do espaço, desde que os raios projetantes que passam pelos pontos de cada uma delas interceptem, respectivamente, o plano de projeção num mesmo ponto. Logo, projetar uma figura num só plano, sem definir (amarrar) as cotas de cada um de seus pontos ao plano, é um problema indeterminado. Para resolvê-lo, Fellipe Boüache em 1878 criou o *Método das Projeções Cotadas*, atribuindo aos elementos projetados de uma figura objetiva, os valores das cotas de cada ponto, tal como mostrado nas figuras 06 e 07, a seguir.

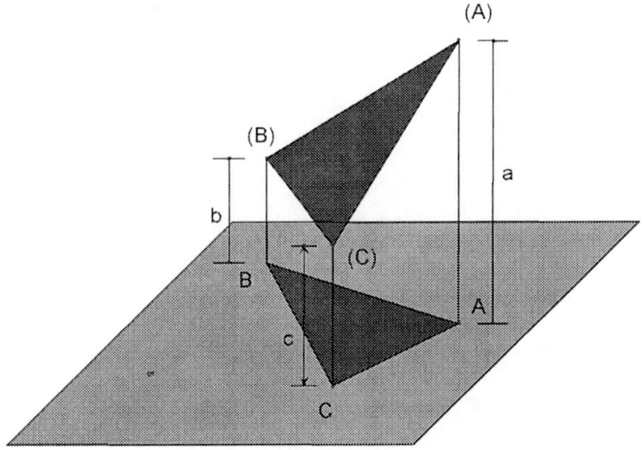

Figura 06

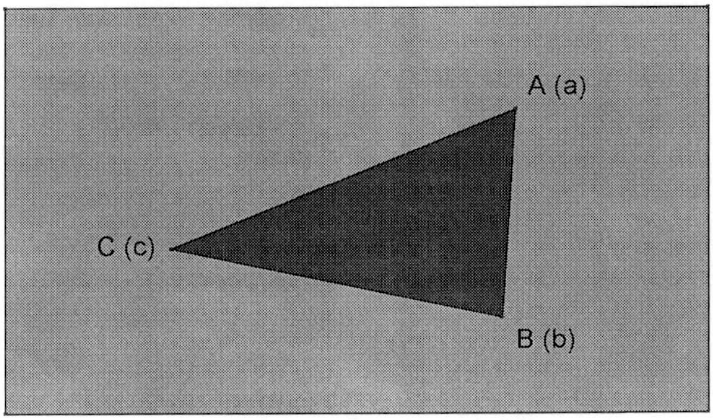

Figura 07

2.3.2) Projeção da Figura Objetiva em Dois Planos Perpendiculares

Imaginemos agora uma situação semelhante a da figura 04, porém inserindo outro plano de projeção (π'), perpendicular a (π), como mostra a figura 08.

A reta de interseção de (π) com (π') é denominada *linha de terra,* ou seja: $(\pi\pi') = (\pi) \cap (\pi')$

Se (π) é o *plano horizontal de projeção*, (π') será, naturalmente, o *plano vertical de projeção.*

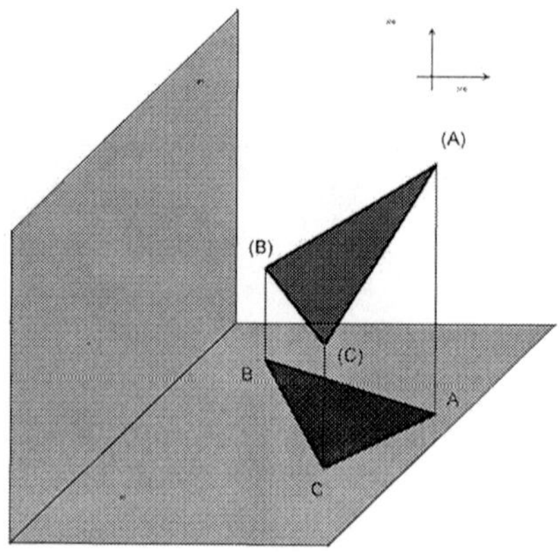

Figura 08

Fazendo, agora, incidir raios projetantes de outro centro projetivo impróprio (O'_{∞}), desta feita perpendicularmente a (π'), definiremos as projeções ortogonais de (A), de (B) e de (C) sobre (π'). Os raios projetantes que passam por estes pontos, interceptarão o plano (π'), definindo, respectivamente, os pontos A', B' e C' que caracterizam as projeções verticais de (A), de (B) e de (C), tal como mostrado na figura 09. Logo, podemos escrever:

$$f' \equiv A'B'C'$$

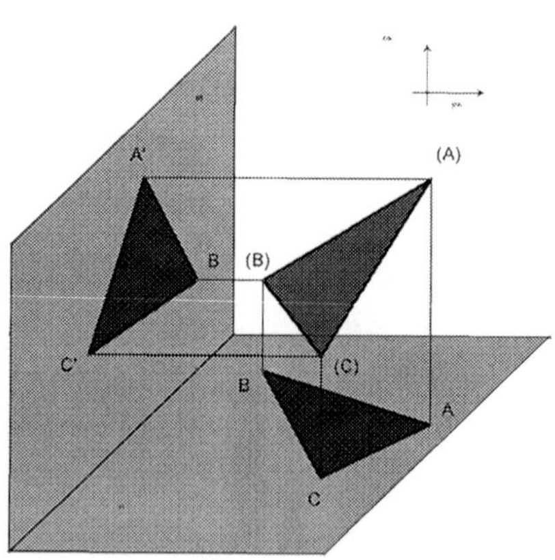

Figura 09

Chama-se *afastamento* de um ponto à distância deste ponto a um plano vertical tomado como referência. Assim, as distâncias de (A) a (π'), de (B) a (π') e de (C) a (π') são, respectivamente, os afastamentos de (A), de (B) e de (C) em relação a (π'), ou seja:

a) afastamento de (A) = $y_{(A)}$ = d {(A), (π')} = d {(A), A'}

b) afastamento de (B) = $y_{(B)}$ = d { (B), (π')} = d {(B), B'}

c) afastamento de (C) = $y_{(C)}$ = d { (C), (π') }= d {(C), C'}

Observando a figura 10, podemos perceber também que os pontos A', (A) e A são vértices de um retângulo contido num plano (α) perpendicular a (ππ'):

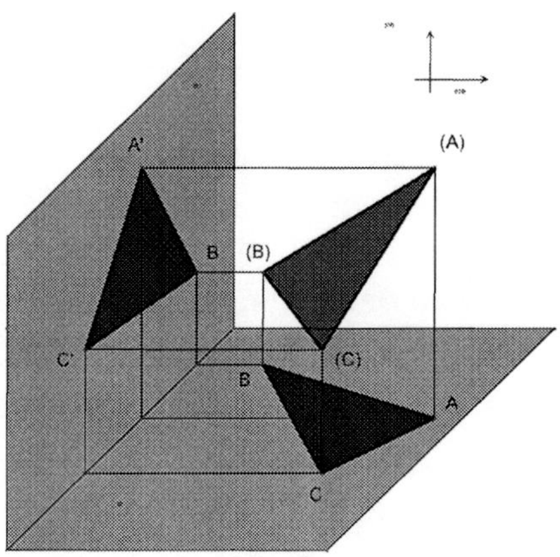

Figura 10

Vejamos porque:

1º) Se (A)A ^ (π) e (A)A' ^ (π') Þ (Â) = reto

2º)z Se (A), A', A Î (α) Þ (α) Ç (ππ') = A_0

Logo, A_0 é o quarto vértice do retângulo.

Podemos então escrever que:

$z_{(A)}$ = d {A', (ππ')} = d {A', A_0 } ou $z_{(A)} = A'A_0$

$y_{(A)}$ = d {A, (ππ') } = d {A, A_0 } ou $y_{(A)} = AA_0$

Por conseguinte, teremos:

$z_{(B)} = B'B_0$ e $z_{(C)} = C'C_0$

$y_{(B)} = BB_0$ e $y_{(C)} = CC_0$

Concluímos, então, que ao projetarmos ortogonalmente uma figura (f) sobre dois planos de projeção (π) e (π'), perpendiculares entre si, obtemos f e f', figuras que representam, respectivamente, a projeção horizontal de (f) sobre (π) e a projeção vertical de (f) sobre (π'). As figuras f e f' são correspondentes e mutuamente dependentes de (f). Isso significa dizer que f e f' são as projeções de uma única figura (f) do espaço.

2.4) Método da Dupla Projeção Ortogonal

A finalidade do desenho projetivo é permitir conhecer as propriedades geométricas e manipular a forma e as dimensões de uma figura do espaço, seja ela plana ou tridimensional, através de suas projeções ortogonais, de sorte que tais projeções sejam representadas graficamente num mesmo plano. Essa é a essência do método criado por Gaspar Monge.

A primeira parte da tarefa já foi mostrada pelas relações entre cotas e afastamentos. Antes de planificar o sistema, vejamos como ficou a vista perspectiva das projeções, retirando-se (f), tal como mostrado na figura 11.

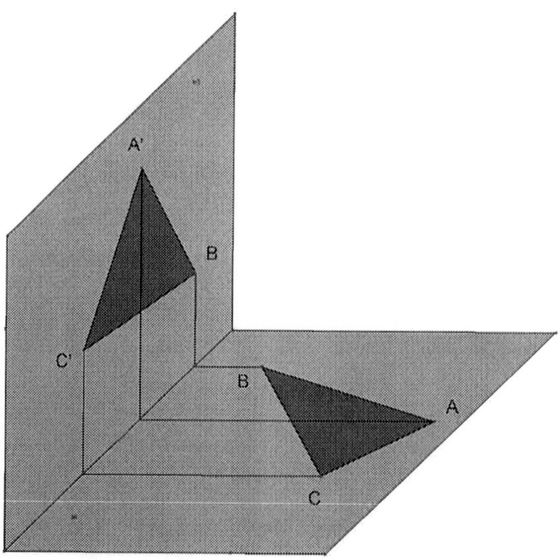

Figura 11

Para planificar o sistema, objetivando trabalhar num mesmo plano de desenho, adotemos os seguintes procedimentos:

1º) Tomemos a linha de terra (ππ') como um eixo de rotação;

2º) Façamos o plano (π) girar em torno de (ππ') no sentido horário até que a sua superfície se superponha à superfície de (π') formando um mesmo plano, tal como mostrado na figura 12.

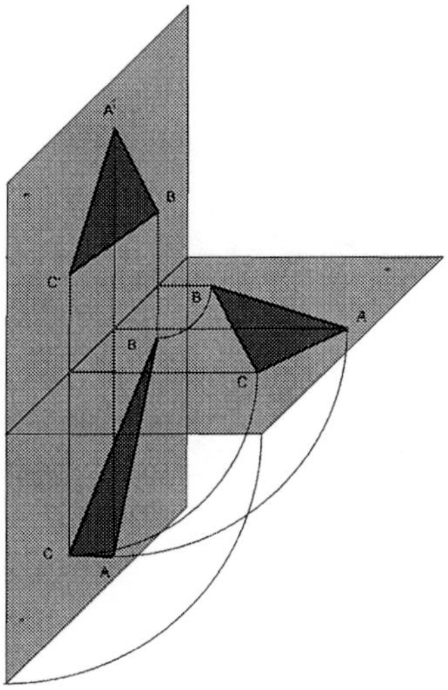

Figura 12

Olhando o conjunto de frente para o plano vertical, teremos a seguinte visão:

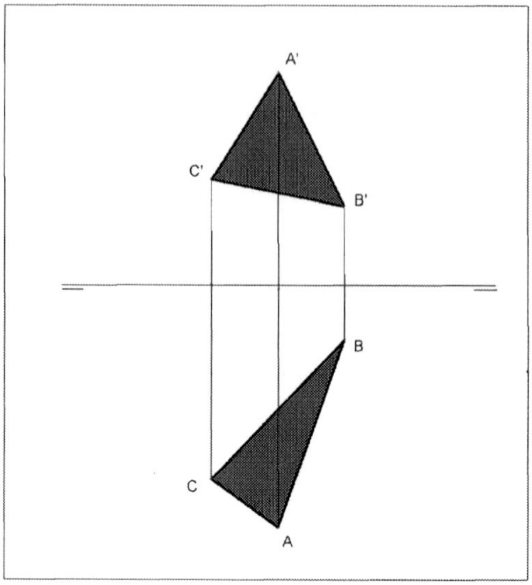

Figura 13

A representação gráfica das projeções de uma figura num mesmo plano é chamada épura.

Na prática, os contornos que delimitam os semiplanos resultantes da planificação não são representados, assim como as letras π e π' que os representam.

A *linha de terra* pode ser identificada por dois pequenos traços, um em cada extremidade, abaixo do segmento que a representa, por *x* numa extremidade e *y* na outra, ou ainda por (ππ') numa das extremidades. Adotaremos os dois pequenos traços.

Os segmentos que unem as projeções de cada ponto da figura são identificados como *linhas de chamada* e, obviamente, são sempre perpendiculares à linha de terra.

As interseções das linhas de chamada com a linha de terra definem as *abcissas* respectivas de cada ponto da figura. A medida da abcissa de um ponto é feita a partir de um ponto da linha de terra chamado *origem das abcissas,* indicado por O_0, localizado no canto esquerdo da linha de terra.

A épura representativa das projeções do triângulo (ABC) terá, por fim, o aspecto mostrado na figura 14.

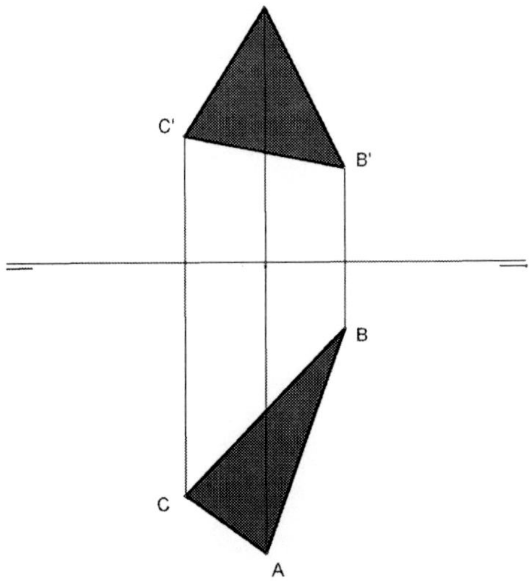

Figura 14

2.5) Espaço Projetivo na Geometria Escitiva

2.5.1) Diedros de Projeção

A Geometria Descritiva concebida por Gaspar Monge admite que as projeções das figuras objetivas aconteça da seguinte forma:

O plano (π) divide o espaço em dois semiespaços, um acima dele e outro abaixo. O plano (π'), por seu turno, divide o espaço também em dois semiespaços, um anterior a ele e outro posterior. Como (π) e (π') são perpendiculares, ficam criadas, na verdade, quatro regiões distintas chamadas *diedros de projeção*, assim caracterizados:

- 1º Diedro: limitado pelo plano vertical de projeção (π') – semiplano superior (SPVS) e pelo plano horizontal de projeção (π) – semiplano anterior (SPHA);
- 2º Diedro: limitado pelo plano vertical de projeção (π') – semiplano superior (SPVS) e pelo plano horizontal de projeção (π) – semiplano posterior (SPHP);

- 3º Diedro: limitado pelo plano vertical de projeção (π') – semiplano inferior (SPVI) e pelo plano horizontal de projeção (π) – semiplano posterior (SPHP);
- 4º Diedro: limitado pelo plano vertical de projeção (π') – semiplano inferior (SPVI) e pelo plano horizontal de projeção (π) – semiplano anterior (SPHA);

Como já foi dito, a interseção entre os planos de projeção, ou seja, a reta comum aos planos (π) e (π'), é chamada *linha de terra*.

Na figura 15 são identificados os quatro diedros de projeção.

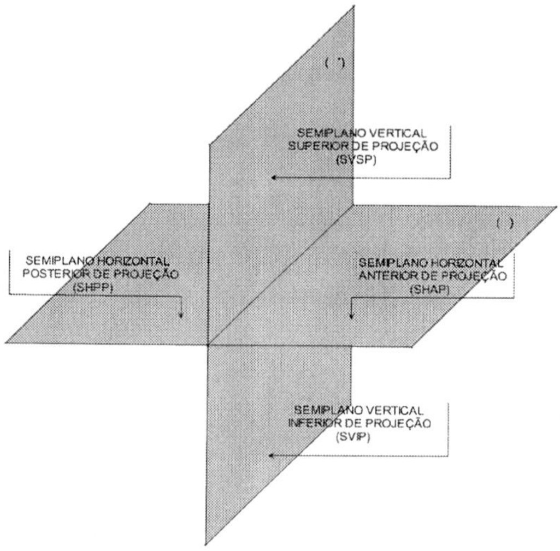

Figuras 15

Uma figura pode, então, estar situada num dos quatro diedros ou parte em um e parte em outro (ou outros). Isso significa dizer que, em cada situação, mudam as posições das projeções em relação aos planos de projeção. O que não se altera é a posição do observador que estará sempre de frente para a superfície anterior do plano (π'), independentemente do diedro (ou dos diedros) em que esteja localizada a figura objetiva (f).

2.5.2) Coordenadas Descritivas

2.5.2.1) Conceito

Tradicionalmente, os problemas de Geometria Descritiva exigem o posicionamento, na épura, dos pontos que caracterizam uma determinada figura. Para resolver esta questão, foram criadas as *coordenadas descritivas* do ponto que nada mais são do que o ordenamento das grandezas já conhecidas: abcissa, afastamento e cota. As coordenadas descritivas de um ponto qualquer (P), são indicadas da seguinte forma:

(P): $(x_{(P)}\ ;\ y_{(P)}\ ;\ z_{(P)})$ ou (P): $[x_{(P)}\ ;\ y_{(P)}\ ;\ z_{(P)}]$, onde

(P): ponto objetivo, isolado ou pertencente a uma figura (f);

$x_{(P)}$: abcissa de (P)

$y_{(P)}$: afastamento de (P)

$z_{(P)}$: cota de (P)

2.5.2.2) Convenção de Sinais

Inicialmente, cabe esclarecer que o conceito de coordenadas descritivas envolvendo as definições de abcissa, afastamento e cota de um ponto é imutável para qualquer dos quatro diedros em que possa se encontrar um ponto (P) do espaço. Cabe então lembrar que:

I. *abcissa* é a distância entre a interseção da linha de chamada de (P) com a linha de terra e um ponto fixo nela localizado e definido como *origem das abcissas*;

II. *afastamento* é a distância de (P) ao plano vertical de projeção (π');

III. *cota* é a distância de (P) ao plano horizontal de projeção (π).

Um ponto pode estar localizado em qualquer dos quatro diedros. Para sabermos exatamente em qual deles, foram estabelecidas convenções de sinais para cotas e afastamentos que permitem localizá-los através de suas coordenadas descritivas. Assim sendo, foi estabelecido que:

- São positivas as cotas dos pontos localizados acima do plano vertical de projeção e negativas as cotas dos pontos localizados abaixo;
- São positivos os afastamentos dos pontos anteriores ao plano vertical de projeção e negativos os afastamentos dos pontos posteriores.

Resumindo, teremos:

	1º diedro	2º diedro	3ºdiedro	4º diedro
cota	+	+	-	-
afastamento	+	-	-	+

Os sinais das abcissas, de um modo geral, serão sempre positivos porque sua origem, O_0, deverá ser localizada próxima da extremidade esquerda da linha de terra. Isto quer dizer que são positivas aquelas situadas à direita da *origem das abcissas*.

Observação Importante
Salvo quando absolutamente necessário, a indicação das abcissas nas projeções dos pontos de uma figura é normalmente dispensável.

2.5.3) Projeções de Figuras em Cada Diedro

No exemplo usado para mostrar como funciona o método da dupla projeção ortogonal, a figura (f) ≡ (ABC) foi localizada no 1º diedro.

Para analisarmos como funciona o método da dupla projeção ortogonal nos demais diedros, tomaremos, como exemplo, o mesmo triângulo (ABC) que foi usado para descrever como funciona o método no 1º diedro sendo mantidos os valores absolutos das abcissas, cotas e afastamentos de cada vértice. Os sinais, entretanto, corresponderão ao diedro em que se encontrar a figura.

2.5.3.1) Projeções no 1º Diedro

Observou-se que, quando uma figura está localizada no 1º diedro, suas projeções são distintas, ou seja, a projeção vertical fica situada acima da linha de terra e a projeção horizontal, abaixo dela. Conforme a convenção de sinais estabelecida, tem-se que:

- Cotas positivas (+): acima da linha de terra
- Afastamentos positivos (+): abaixo da linha de terra

2.5.3.2) Projeções de Figuras no 2º Diedro

Situando (ABC) no 2º diedro e mantendo, respectivamente, os mesmos valores absolutos das coordenadas descritivas dos vértices (A), (B) e (C), o aspecto do conjunto, em perspectiva, é o mostrado na figura 16.

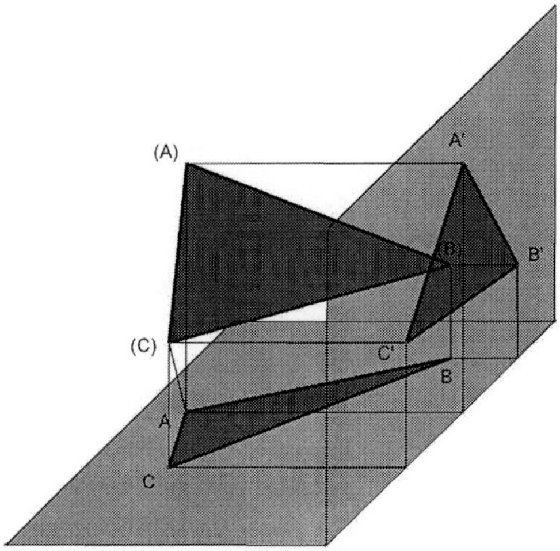

Figura 16

Para planificar o sistema objetivando trabalhar num mesmo plano de desenho, adotamos procedimentos semelhantes aos usados anteriormente, ou seja:

1º) Tomemos a linha de terra ($\pi\pi'$), interseção de (π) com (π'), como eixo de rotação;

2º) Façamos o plano (π) girar em torno de ($\pi\pi'$) no sentido horário até que a sua superfície se superponha à superfície de (π') formando um mesmo plano, tal como mostrado na figura 17.

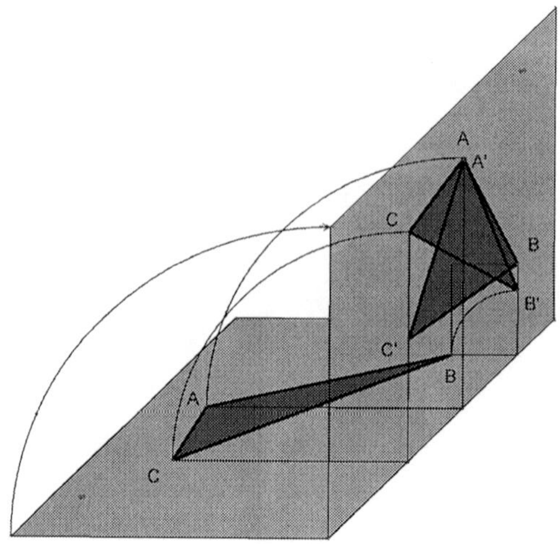

Figura 17

Olhando, agora, o conjunto de frente para o plano vertical de projeção, o aspecto da épura correspondente do triângulo (ABC) é mostrado na figura 18 e da observação da figura tiramos as seguintes conclusões:

I. As projeções horizontal e vertical são, respectivamente, **congruentes** com as obtidas no 1º diedro, embora, neste caso, ambas fiquem situadas acima da linha de terra;
II. Dependendo dos comprimentos das cotas e dos afastamentos de cada um de seus pontos, as projeções de figuras situadas no 2º diedro podem ficar superpostas na épura e isto dificulta ou pode até impossibilitar o estudo da figura objetiva através de suas projeções;

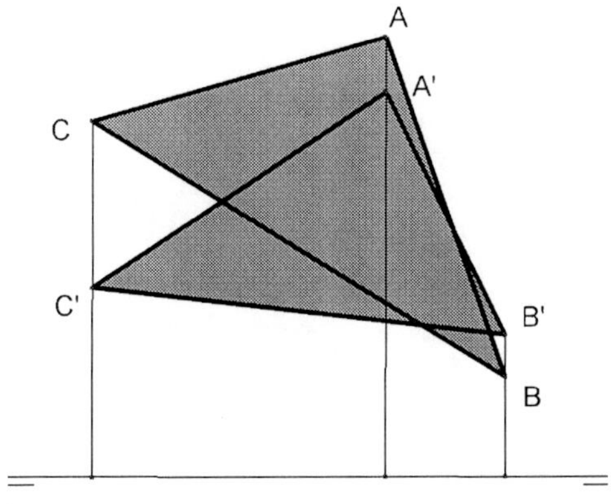

Figura 18

2.5.3.2.1) Invariância da Projeção Horizontal

Pode-se resolver o problema criado por projeções superpostas, total ou parcialmente, transladando a figura objetiva, mantendo constante as respectivas cotas até que suas projeções fiquem distintas. Esta operação manterá a forma da projeção horizontal inalterada.

Se a figura está inteiramente contida no 2º diedro, pode-se também eliminar a superposição das projeções trocando os sinais dos afastamentos, tornando-os positivos, ou seja, transladando figura para o 1º diedro.

De uma forma ou de outra, a projeção horizontal fica *invariante*.

2.5.3.3) Projeções de Figuras no 3º Diedro

Situando, agora, o triângulo (ABC) no 3º diedro, mantendo-se os mesmos valores absolutos das coordenadas descritivas dos vértices adotados nos dois casos anteriores, a perspectiva do conjunto é mostrada na figura 19

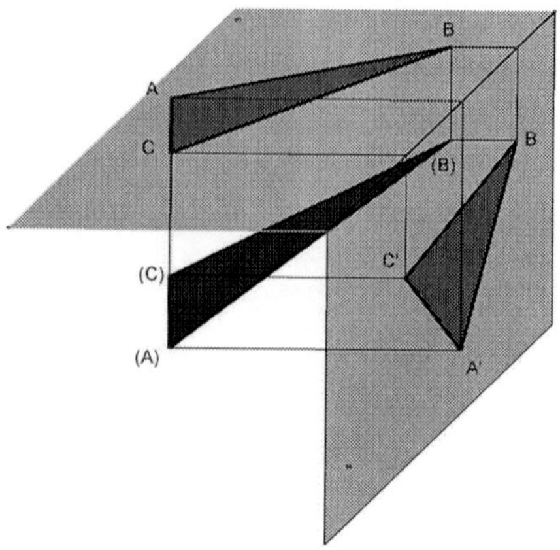

Figura 19

Utilizando procedimentos semelhantes aos usados anteriormente, planifica-se o sistema objetivando trabalhar num mesmo plano de desenho, como mostra a figura 20.

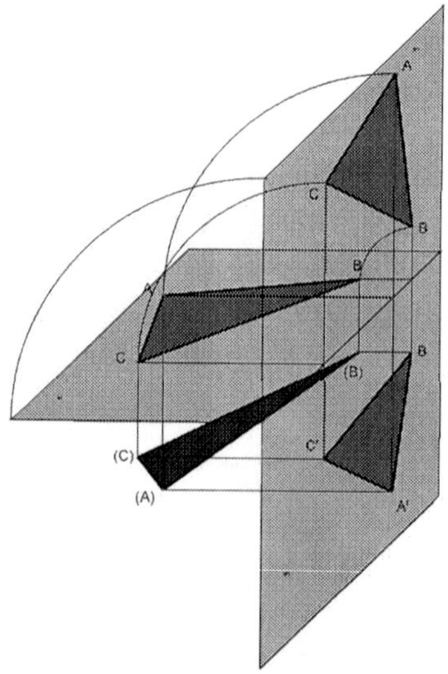

Figura 20

A figura 21 mostra a épura do triângulo (ABC) nas condições propostas.

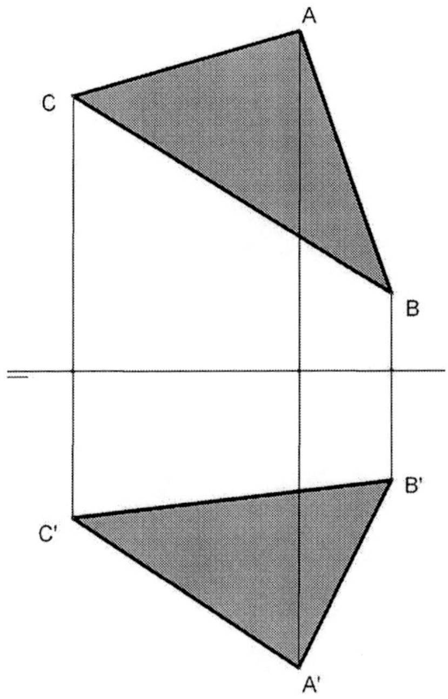

Figura 21

Nesta situação, pode-se observar que:

I. As projeções horizontal e vertical ficam distintas e continuam, respectivamente, **congruentes** com as dos casos anteriores;

II. A posição das projeções no 3º diedro é simétricas em relação à linha de terra, se comparadas às projeções no 1º diedro.

2.5.3.3.1) Invariância das Projeções

Não há problema de superposição de projeções no terceiro diedro, mas, se trocarmos os sinais das cotas e dos afastamentos, é como transportar a figura para o 1º diedro através de duas translações.

Após essas transformações, verifica-se que ambas as projeções permanecem *invariantes*.

2.5.4) Projeções de Figuras no 4º Diedro

Mantendo-se, mais uma vez, os mesmos valores absolutos das mesmas coordenadas dos vértices do triângulo (ABC), mas situando-o agora no 4º diedro, a perspectiva do conjunto está mostrada na figura 22.

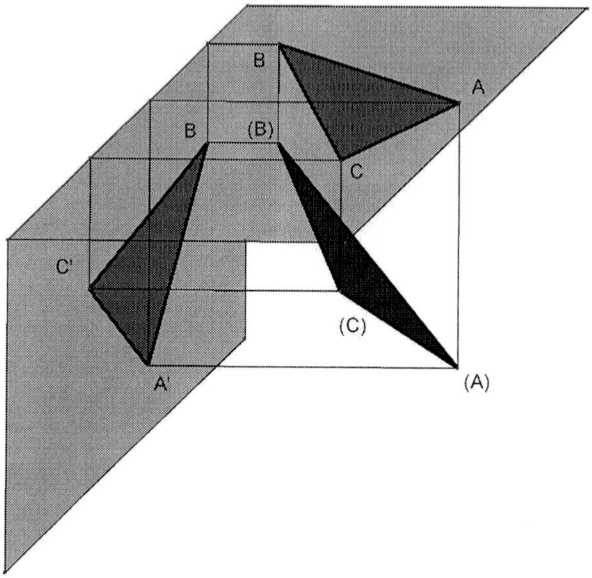

Figura 22

Utilizando procedimentos semelhantes aos usados anteriormente, planifica-se o sistema objetivando trabalhar num mesmo plano de desenho, tal como mostrado na figura 23.

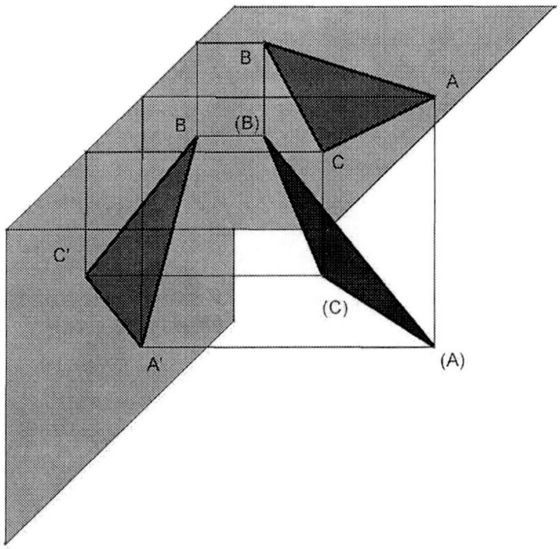

Figura 23

A figura 24 mostra a épura do triângulo (ABC) nas condições propostas.

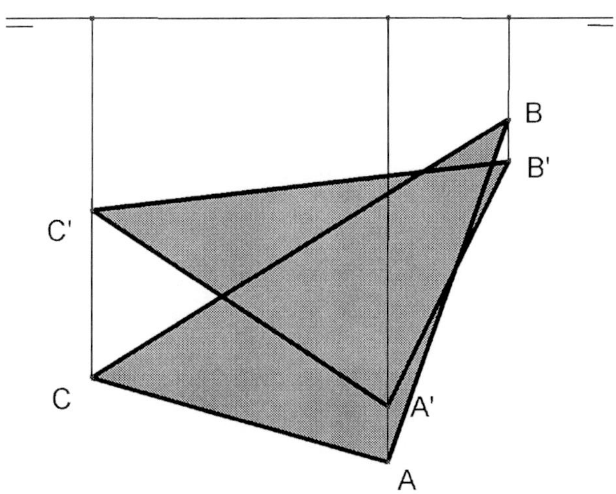

Figura 24

Nesta situação podemos concluir que:

I. As projeções horizontal e vertical são, mais uma vez, respectivamente, **congruentes** com as obtidas nos demais diedros, mas ambas abaixo da linha de terra;

II. As projeções de figuras situadas no 4º diedro, tal como no 2º, podem ficar superpostas na épura o que, como foi dito anteriormente, é desaconselhável;

2.5.4.1) Invariância da Projeção Vertical

Pode-se resolver o problema criado por projeções superpostas, total ou parcialmente, transladando a figura objetiva, mantendo constantes os respectivos afastamentos até que suas projeções fiquem distintas. Esta operação manterá a forma da projeção vertical inalterada.

Se a figura está inteiramente contida no 4º diedro, pode-se também eliminar a superposição das projeções trocando os sinais das cotas, tornando-as positivas, ou seja, transladando a figura para o 1º diedro, pois ambas as projeções permanecem invariantes.

2.5.5) Conclusão

Mantendo-se fixos os valores absolutos das coordenadas descritivas dos pontos de uma figura, suas projeções (horizontal e vertical) serão sempre congruentes quando se alteram os sinais de todas as cotas e/ou de todos os afastamentos de seus pontos.

Por essa razão, projeções no 2º e no 4º diedro, na prática, são desprezadas.

As projeções no 1º diedro são as mais usadas no Brasil, recomendadas pela ABNT (Associação Brasileira de Normas Técnicas) e foram priorizadas neste trabalho.

Capítulo 3

Projeções Ortogonais de Retas e Segmentos de Retas

3.1) Considerações Iniciais

Chama-se *segmento de reta* ao trecho de uma reta genérica limitado por dois de seus pontos definidos como *extremos* do segmento.

Em relação a um plano de projeção, um segmento de reta pode estar:

I. paralelo;
II. perpendicular;
III. oblíquo.

Para cada uma das posições acima, a respectiva projeção ortogonal apresentará características específicas, como será visto a seguir.

Todo segmento de reta está contido obrigatoriamente numa reta chamada **reta suporte** do segmento. Logo, todas as características e propriedades geométricas de uma determinada reta são aplicáveis aos segmentos nela contidos e vice-versa.

As retas são representadas por letras romanas minúsculas.

Seja então (r) uma reta qualquer e (A) e (B) dois de seus pontos não coincidentes. Logo (r) é a reta suporte do segmento (AB), do qual (A) e (B) são os extremos. As projeções de (r) serão, respectivamente, r' (vertical) e r (horizontal), tal como mostrado na figura 25.

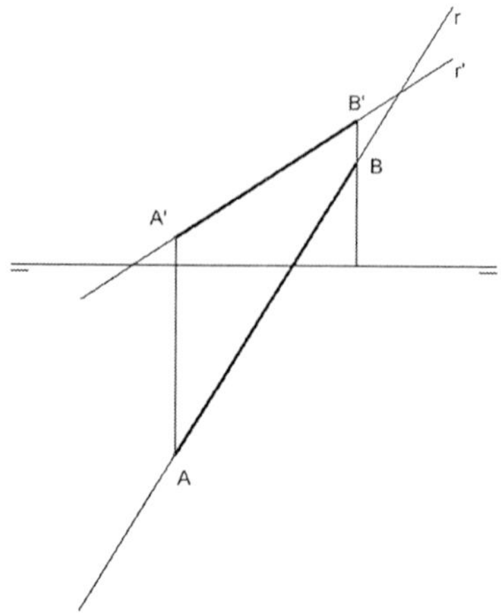

Figura 25

3.1.1) Pertinência de Ponto a Reta

Observando a figura 25, podemos estabelecer a seguinte afirmação:

Para que um ponto pertença a uma reta dada por suas projeções, é condição necessária e suficiente que as projeções do ponto estejam situadas, respectivamente, sobre as projeções da reta.

Em outras palavras: a projeção vertical/horizontal do ponto estará situada na projeção vertical/horizontal da reta.

3.2) Traços de uma reta: Pontos Notáveis

Chama-se, de uma forma genérica, **traço de uma reta** o ponto em que uma reta intercepta qualquer plano. Tradicionalmente, na Geometria Descritiva, traços de uma reta são os pontos em que a reta intercepta os planos e projeção. Os traços da reta, assim entendidos, são conhecidos, também como dois dos pontos notáveis de uma reta.

São entendidos como notáveis, os seguintes pontos de uma reta:

I. (V): ponto em que a reta intercepta o plano vertical de projeção.
Assim sendo, (V) tem sempre afastamento nulo. Logo, no espaço, teremos (A) ≡ A'. A cota de (V) poderá ser positiva, negativa ou nula (se a reta interceptar a linha de terra).
O ponto (V) é denominado traço vertical da reta.

II. (H): ponto em que a reta intercepta o plano horizontal de projeção. Neste ponto, (H) tem sempre cota nula. Logo, teremos (H) ≡ H. O afastamento de (H) poderá ser positivo, negativo ou nulo (se a reta interceptar a linha de terra).
O ponto (H) é denominado **traço horizontal da reta**.

A figura 26 mostra as projeções de uma reta (r), genérica, bem como a localização das projeções de (V) e (H).

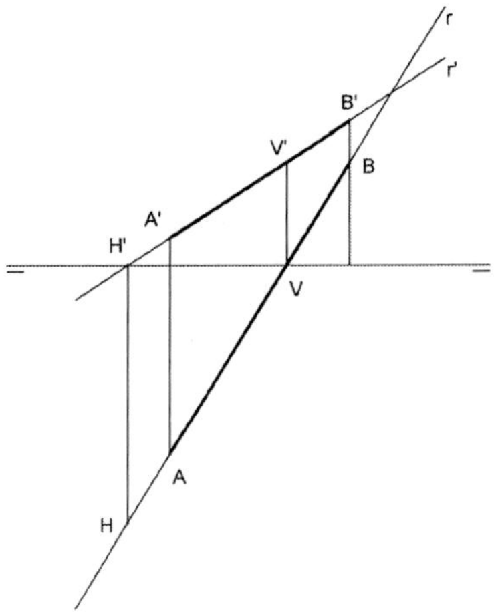

Figura 26

I. (I): ponto da reta em que a cota e o afastamento são iguais e de mesmo sinal.
Nesta condição, o ponto (I) só pode estar localizado no 1º ou no 3º diedro. É comum designar (I) como sendo o ponto da reta que intercepta um plano que passa pela linha de terra e divide, respectivamente, o 1º e o 3º diedro em dois diedros iguais. Este plano é chamado **bissetor ímpar** é designado (β_{13}). Por essa razão, diz-se que (I) é o **traço da reta em (β_{13}).**

II. (P); ponto da reta em que a cota e o afastamento são iguais, mas de sinais contrários.
Assim sendo, o ponto (P) só pode estar localizado no 2º ou no 4º diedro. Por suas características, as projeções deste ponto são idênticas e se encontram na interseção das projeções vertical e horizontal da reta.

É comum designar (P) como sendo o ponto da reta que intercepta um plano que passa pela linha de terra e divide, respectivamente, o 2º e o 4º diedro em dois diedros iguais. Este plano é chamado **bissetor par** e designado (β_{24}). Por essa razão, diz-se que (P) é o **traço da reta em (β_{24}).**

A figura 27 mostra as projeções de uma reta (r), genérica, bem como a localização das projeções dos seus pontos notáveis, (H), (V), (I) e (P).

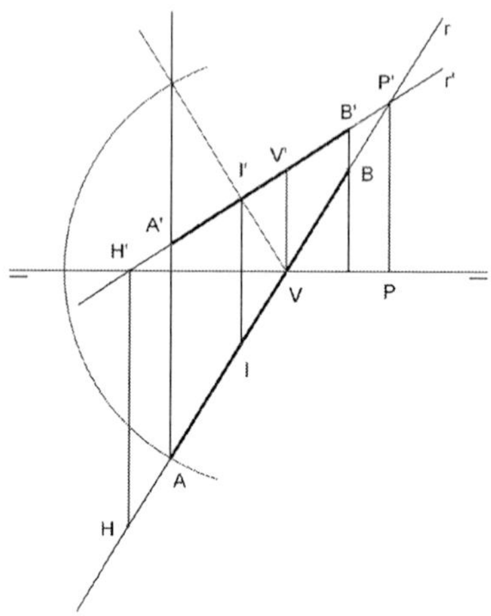

Figura 27

Das características de β_{13} e β_{24}, podemos concluir os planos bissetores são perpendiculares.

3.3) Retas e Segmentos de Retas Paralelas a Plano de Projeção

Uma reta é paralela a um plano quando todos os seus pontos são equidistantes do plano.

Seja (r) uma reta paralela a um plano (π) e que contenha o segmento (AB).

Ao projetarmos ortogonalmente os pontos (A) e (B) no plano (π) obtemos os pontos A e B e, consequentemente, a projeção AB de (AB). Logo a reta r que passa por A e por B é a projeção da reta (r) em π (figura 28).

Como as projeções são ortogonais, (A)A e (B)B são paralelos e perpendiculares a (π). Como (r) é paralela a (π), o polígono que tem por vértices (A), (B), B e A é um retângulo. Logo, (AB) = AB e podemos afirmar que:

Quando um segmento de reta é paralelo a um plano, sua projeção ortogonal neste plano é a verdadeira grandeza (VG) do segmento.

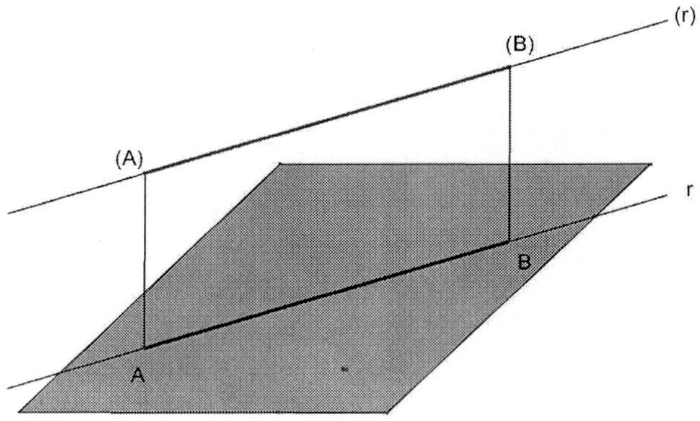

Figura 28

3.3.1) Retas e Segmentos de Retas Paralelos ao Plano Horizontal de Projeção

Na figura 29-a é mostrado que o segmento (AB) é paralelo a (π), oblíquo a (π') e tem como suporte a reta (h). A cota de (A) é igual à cota de (B) e o quadrilátero de vértices (A), (B), B e A é um retângulo. Assim sendo, (AB) = AB. Ou seja, o segmento AB é a *verdadeira grandeza* (VG) do segmento (AB).

Podemos então dizer que:

Quando um segmento é paralelo ao plano horizontal de projeção, projeta-se em verdadeira grandeza (VG) neste plano.

A reta (h), paralela ao plano horizontal de projeção e oblíqua ao plano vertical de projeção é chamada **reta horizontal**.

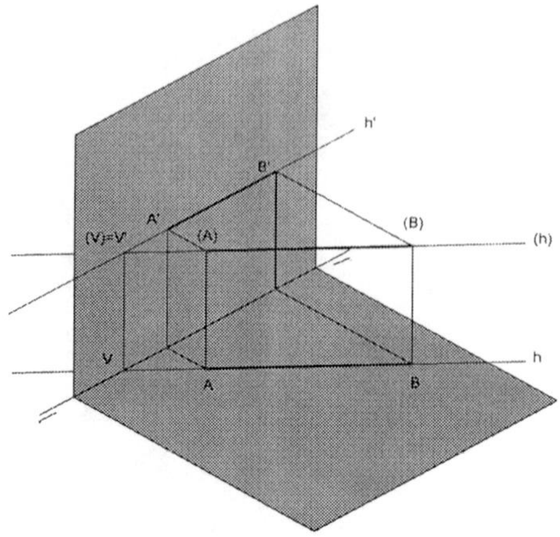

Figura 29-a

A figura 29-b mostra a épura correspondente Verifica-se que a cota de (A) é igual à cota de (B), ou seja, $z_{(A)} = z_{(B)}$. Logo, a projeção vertical de (AB), A'B', é paralela à linha de terra.

Uma reta horizontal corta (π') no traço vertical (V) e não admite traço horizontal.

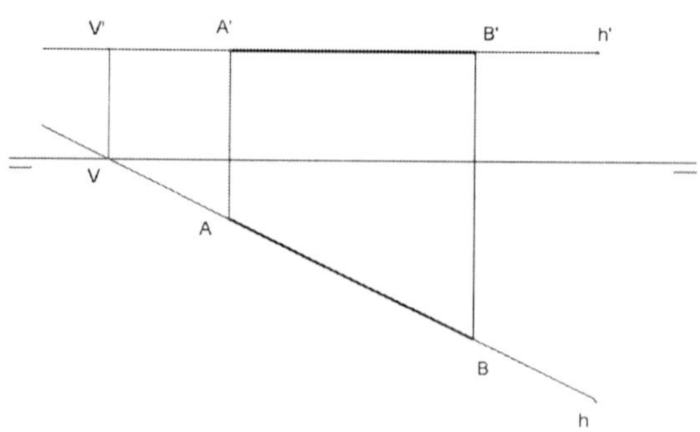

Figura 29-b

3.3.2) Retas e Segmentos Paralelos ao Plano Vertical de Projeção

Observando agora a figura 30-a, vemos que o segmento (AB) é paralelo a (π'), oblíquo a (π) e tem como suporte a reta (f). O afastamento de (A) é igual ao afastamento de (B) e o quadrilátero de vértices (A), (B), B' e A' também é um retângulo. Assim sendo, (AB) = A'B'. Nesse caso, o segmento A'B' é a *verdadeira grandeza* (VG) do segmento (AB).

Podemos então dizer que:

Quando um segmento é paralelo ao plano vertical de projeção, projeta-se em verdadeira grandeza (VG) neste plano.

A reta (f), paralela ao plano vertical de projeção e oblíqua ao plano horizontal de projeção é chamada **reta frontal**.

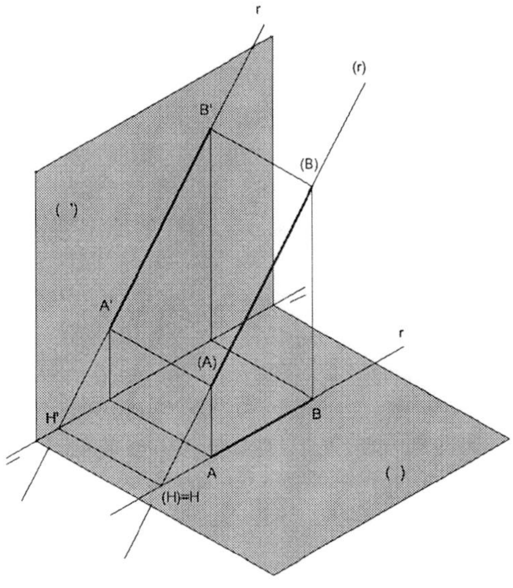

Figura 30-a

A figura 30-b mostra a épura correspondente. Verifica-se que o afastamento de (A) é igual ao afastamento de (B), ou seja, $y_{(A)} = y_{(B)}$. Logo, a projeção horizontal de (AB), AB, é paralela à linha de terra.

Uma reta vertical corta (π) no traço horizontal (H) e não admite traço vertical.

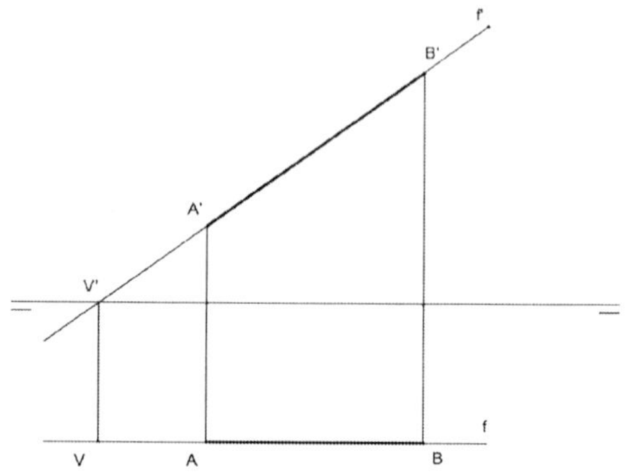

Figura 30-b

3.3.3) Retas e Segmentos de Reta Paralelos aos Dois Planos de Projeção

Quando o segmento é paralelo a ambos os planos de projeção, é paralelo, também, à linha de terra. Por isso, as cotas e os afastamentos de todos os seus pontos são respectivamente iguais. As figuras 31-a e 33-b mostram, respectivamente, a representação espacial e a épura de um segmento (AB), pertencente a uma reta (r) nessa condição. Assim sendo, tanto a projeção vertical de (AB), como a horizontal, estão em VG. Por isso, podemos afirmar que:

Quando um segmento é paralelo aos dois planos de projeção, projeta-se em verdadeira grandeza (VG) em ambos os planos.

Uma reta paralela a ambos os planos de projeção é chamada **reta fronto-horizontal** ou **reta paralela à linha de terra.**

Reta desse tipo não corta plano de projeção e por isso não admite traço vertical e nem traço horizontal.

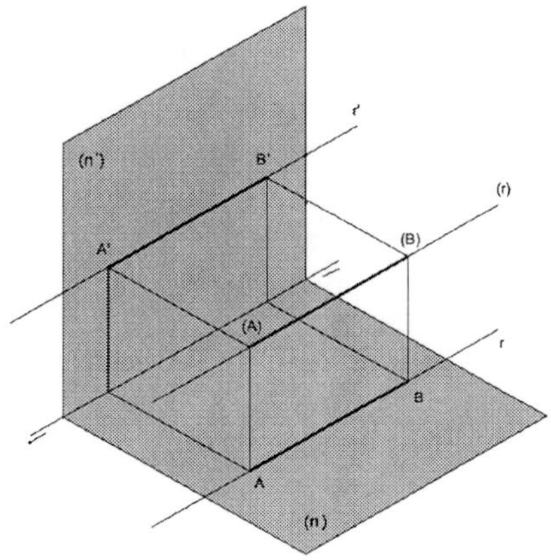

Figura 31-a

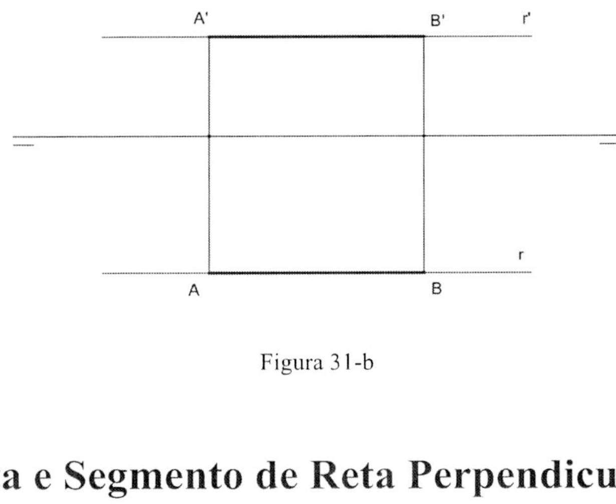

Figura 31-b

3.4) Reta e Segmento de Reta Perpendicular a Plano de Projeção

Uma reta é perpendicular a um plano quando é perpendicular a todas as retas desse plano.

Seja (r) uma reta perpendicular a um plano (π) e que contenha um segmento (AB).

Ao projetarmos ortogonalmente a reta (r) no plano (π) somente um raio projetante passa pela reta e corta o plano num único ponto. Este ponto concentra as projeções de todos os pontos da reta, inclusive de (A) e de (B), tal como mostrado na figura 32.

Isso permite afirmar que:

Quando uma reta é perpendicular a um plano, sua projeção ortogonal, neste plano, se reduz a um único ponto.

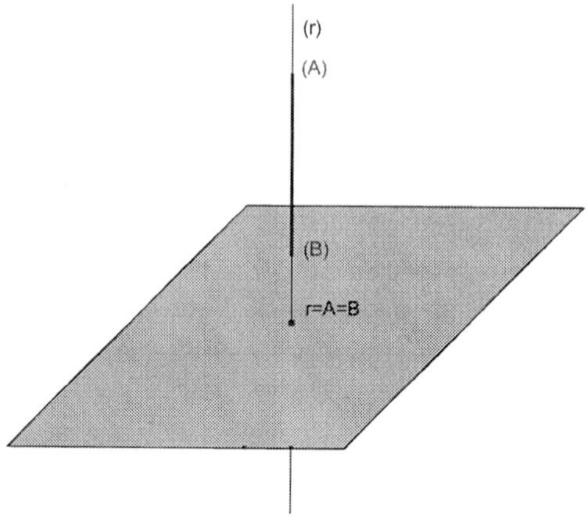

Figura 32

3.4.1) Perpendicular ao Plano Horizontal de Projeção

Observando a figura 33-a, vemos que o segmento (AB) é perpendicular a (π) e tem como suporte a reta (v). Logo, o raio projetante que intercepta (π) e passa por (A) é o mesmo que passa por (B). Assim sendo, temos A ≡ B. Além disso, por ser perpendicular a (π), a reta (v) é paralela a (π') e, por isso, a projeção vertical de (AB) está em *verdadeira grandeza* (VG), ou seja, AB = (AB).

Podemos então escrever:

Quando um segmento de reta é perpendicular ao plano horizontal de projeção, sua projeção ortogonal neste plano se reduz a um ponto e está em verdadeira grandeza (VG) no plano vertical de projeção.

A reta (v), perpendicular ao plano horizontal de projeção é chamada **reta vertical**.

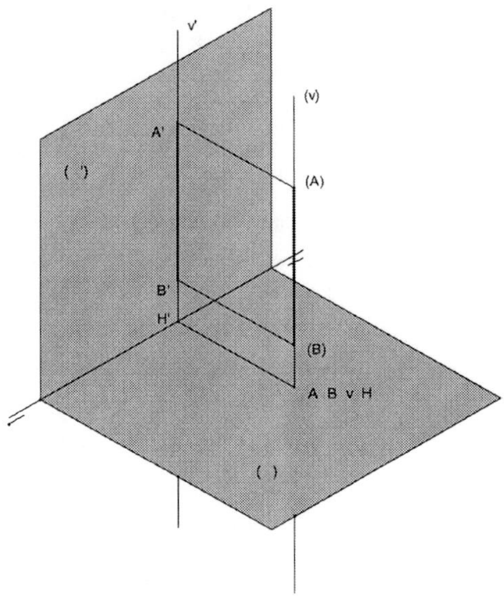

Figura 33-a

A figura 33-b mostra a épura correspondente.

Reta vertical não corta o plano (π') e por isso só admite traço horizontal (H).

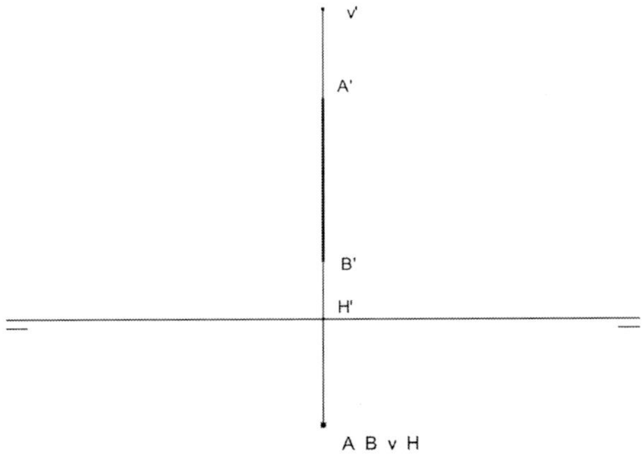

Figura 33-b

3.4.2) Perpendicular ao Plano Vertical de Projeção

Observando a figura 34-a, vemos agora que o segmento (AB) é perpendicular a (π') e tem como suporte a reta (t). Logo, o raio projetante que intercepta (π') e passa por (A) é o mesmo que passa por (B). Assim sendo, temos A' ≡ B'. Além disso, por ser perpendicular a (π'), a reta (t) é paralela a (π) e, por isso, a projeção vertical de (AB) está em *verdadeira grandeza* (VG), ou seja, A'B' = (AB).

Podemos então escrever:

Quando um segmento de reta é perpendicular ao plano vertical de projeção, sua projeção ortogonal neste plano se reduz a um ponto e está em verdadeira grandeza (VG) no plano horizontal de projeção.

A reta (t), perpendicular ao plano vertical de projeção é chamada **reta de topo**.

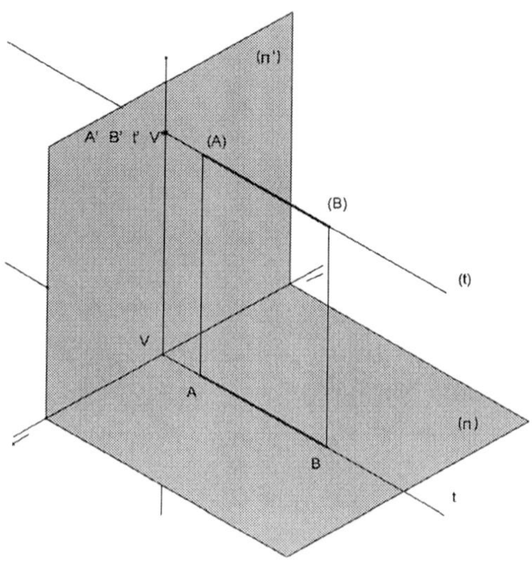

Figura 34-a

A figura 34-b mostra a épura correspondente.

Reta de topo não corta o plano (π) e por isso só admite traço vertical (V).

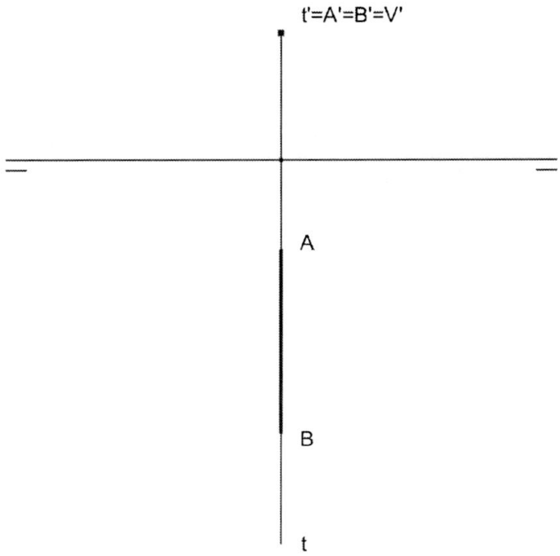

Figura 34-b

3.5) Segmento Oblíquo aos Planos de Projeção

Nesse caso, duas situações podem ocorrer:

I. O segmento é ortogonal à linha de terra;

II. O segmento é oblíquo à linha de terra.

É importante ressaltar que, quando um segmento é oblíquo aos dois planos de projeção, suas projeções não estão em verdadeira grandeza em nenhum dos dois. Para conhecê-la ou trabalhar com ela torna-se necessário aplicar à épura alguns procedimentos geométricos que serão vistos mais à frente.

A figura 35 mostra uma reta (r) oblíqua a um plano (π) e que contém um segmento (AB). Projetando ortogonalmente (A) e (B) no plano, obtemos suas projeções A e B, que definem a reta r, projeção de (r) em (π).

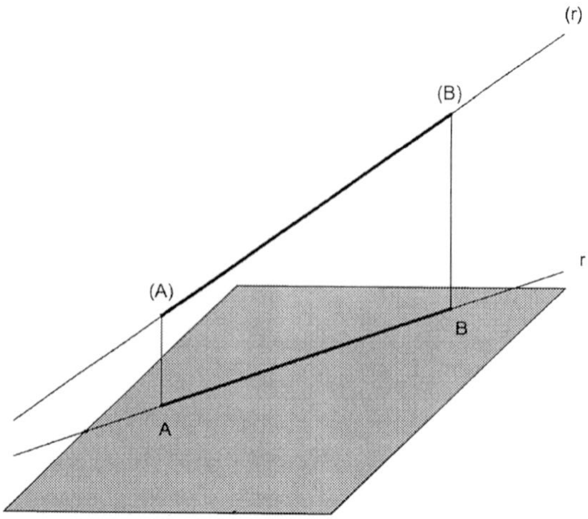

Figura 35

Para determinar a verdadeira grandeza do segmento (AB) é imprescindível conhecer as distâncias de (A) e de (B) ao plano (π). Se (π) é um plano horizontal, estas distâncias serão as respectivas cotas de (A) e de (B).

Num procedimento expedito, podemos construir graficamente o trapézio retângulo que tem por vértices (A), (B), B e A. (A)A e (B)B são grandezas conhecidas, assim como a projeção AB. O lado (AB) do trapézio é a VG procurada.

Traça-se o segmento AB. Por A traça-se, uma perpendicular a AB e, a partir de A, marca-se o comprimento (A)A, determinando (A). Por B traça-se outra perpendicular a AB, no mesmo sentido de (A)A e, a partir de B, marca-se o comprimento (B)B. Ligando (A) a (B), fica determinada graficamente a VG de (AB).

A figura 36 mostra o trapézio construído.

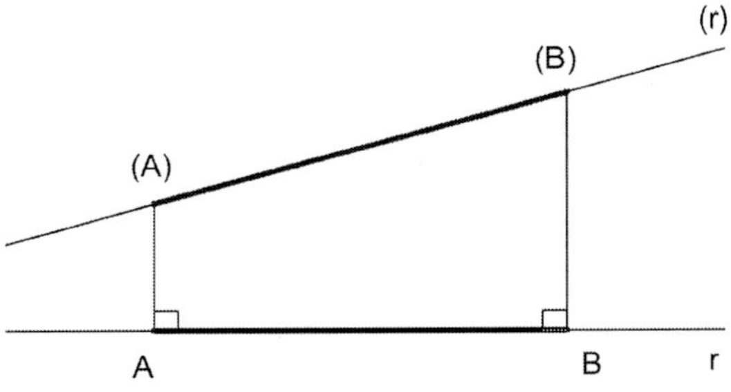

Figura 36

3.5.1) Segmento Ortogonal à Linha de Terra

Quando uma reta é ortogonal à linha de terra, tal reta está contida num plano perpendicular a ela. Observando a figura 37-a, percebemos que os raios projetantes que passam, respectivamente, por (A) e por (B), definem um plano perpendicular à linha de terra. Logo, a abcissa de (A) é a mesma de (B), ou seja, x(A) = x(B). Assim sendo, ambas as projeções de (AB) são perpendiculares à linha de terra e não estão em verdadeira grandeza porque os quadriláteros formados pelos pontos (A) e (B) e suas respectivas projeções são trapézios retângulos.

Uma reta que pertence a um plano perpendicular aos dois planos de projeção pode ser reversa à linha de terra ou concorrente com ela. Em ambos os casos a reta é chamada **reta de perfil**.

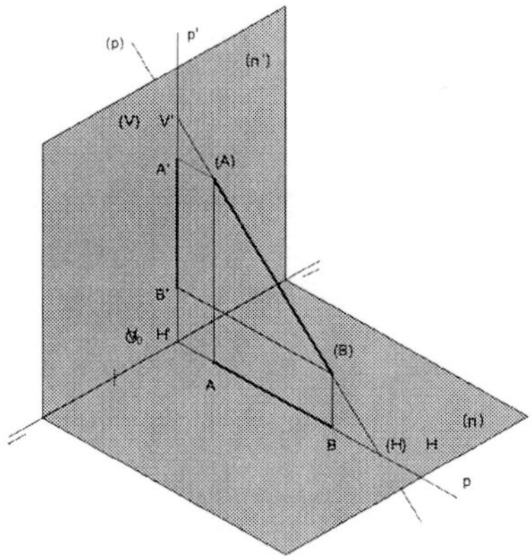

Figura 37-a

A figura 37-b mostra a épura correspondente.

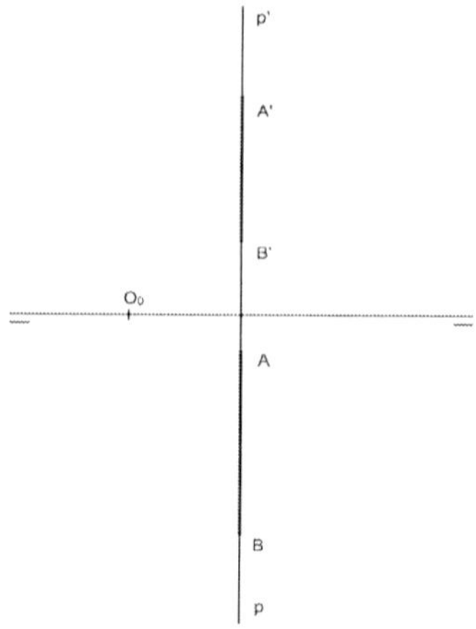

Figura 37-b

As retas de perfil reversas à linha de terra admitem traço vertical (V) e traço horizontal (H). Numa condição particular, a reta de perfil pode ser concorrente com a linha de terra e, neste caso, (V) e (H) serão coincidentes no ponto de concorrência, tal como mostrado na figura 38.

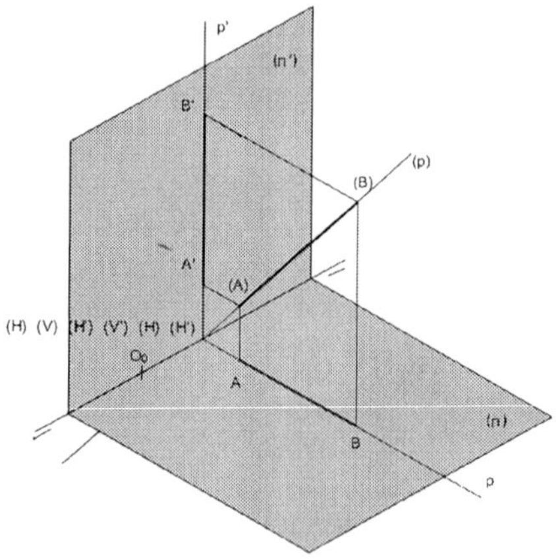

Figura 38

3.5.2) Segmento Oblíquo à Linha de Terra

Quando um segmento é oblíquo aos planos de projeção e à linha de terra, ambas as projeções são oblíquas à linha de terra e não estão em verdadeira grandeza porque, também nesse caso, os quadriláteros formados pelos pontos (A) e (B) e suas respectivas projeções são trapézios retângulos, como mostra a figura 39-a.

Uma reta oblíqua à linha de reta é chamada **reta qualquer** ou **genérica**.

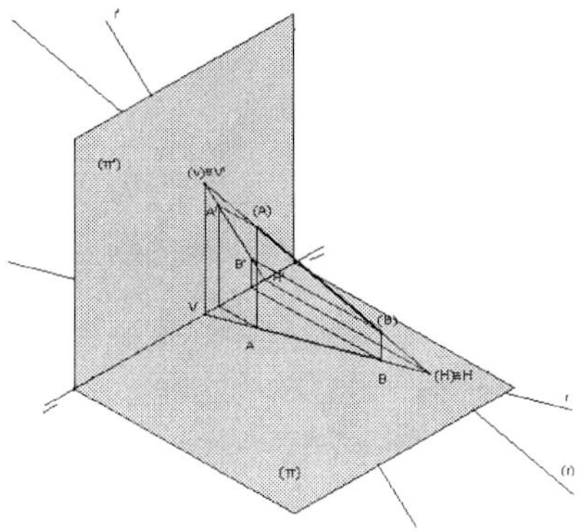

Figura 39-a

As figuras 39-b e 39-c são exemplos de épuras de retas genéricas

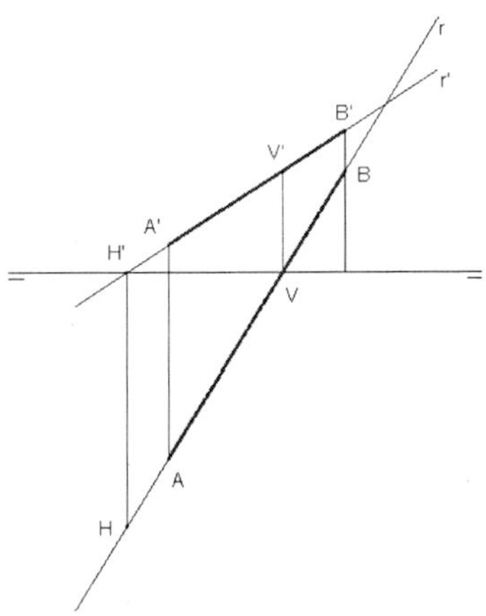

Figura 39-b

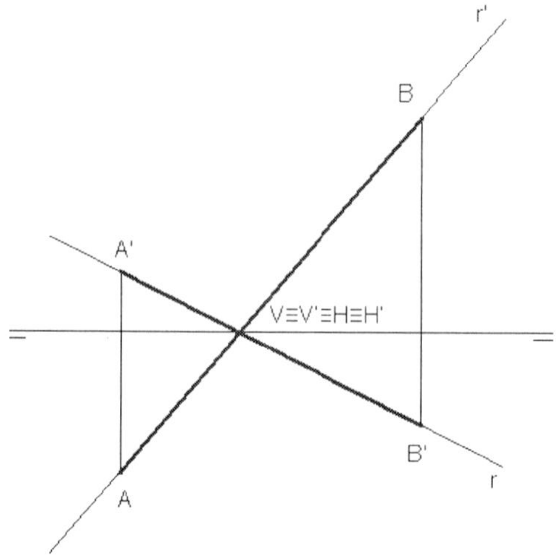

Figura 39-c

3.5.3) VG de Segmentos Oblíquos aos Planos de Projeção

Como foi dito anteriormente, segmentos oblíquos a um plano de projeção não se projetam, neste plano, em verdadeira grandeza (VG), o que só acontece quando o segmento é paralelo ao plano.

Então, para conhecer a VG de um segmento é necessário que, pelos procedimentos geométricos, façamos com que o segmento em questão fique paralelo ou passe a pertencer a um plano de projeção. Num sistema de dupla projeção ortogonal, estas operações poderão executadas de duas maneiras:

I. Modificando a posição do segmento;

II. Criando um novo plano de projeção.

No primeiro caso, o sistema de projeções não se altera.

O segmento é que mudará de posição no espaço para ficar paralelo ou pertencer a um dos planos de projeção através de uma operação geométrica chamada **rotação**. Nesse procedimento, o segmento gira em torno de um eixo perpendicular a um dos planos de projeção, até que fique paralelo ao outro plano de projeção, onde se projetará em VG.

No segundo caso, a posição do segmento no espaço não se altera.

Um novo plano de projeção será criado, paralelo ao segmento e, obrigatoriamente, perpendicular a um dos planos de projeção para que sejam mantidas as propriedades geométricas do método da dupla projeção ortogonal. O plano criado e o plano de projeção perpendicular a ele constituem um novo sistema de projeções em que a VG do segmento é mostrada. Essa operação descritiva é chamada **mudança de plano de projeção**.

3.5.3.1) Rotação

Quando executamos a rotação de um ponto em torno de um eixo perpendicular a um plano, o ponto descreve um arco de círculo cujo raio é o segmento perpendicular que liga o ponto ao eixo.

Na figura 40 podemos observar que a projeção do eixo (e) no plano (π) se reduz a um ponto – e – e o arco (c) descrito pelo ponto (P) se projeta em VG no plano (π), porque o raio da rotação (OP) é paralelo ao plano.

A distância do ponto (P) ao plano (π), isto é, a cota de (P) **não se altera durante a rotação**.

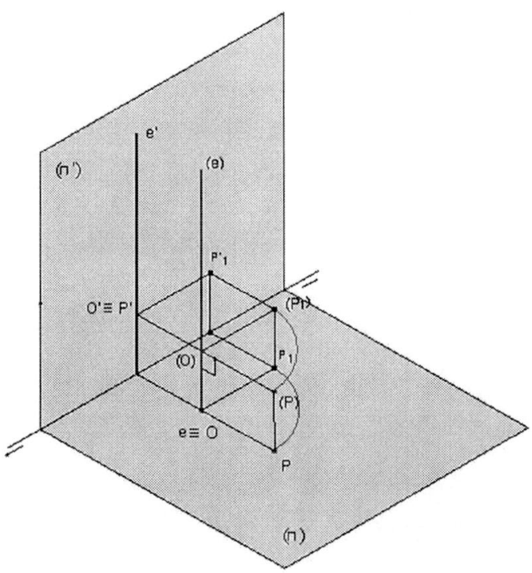

Figura 40

3.5.3.1.1) VG de Segmentos de Perfil

Para conhecermos a VG de (AB) utilizaremos, inicialmente, um eixo (e), vertical, que passa pelo vértice (A). Na verdade, (e) é uma reta vertical cuja projeção em (π) se reduz ao ponto e. A projeção vertical de (e) é e'.

A figura 41-a mostra, no espaço, o segmento (AB), antes e após a rotação. Nota-se que o ponto (A) não se alterou porque pertence ao eixo. (AB) tornou--se paralela a (π') e, assim, se projeta em VG nesse plano. Na verdade, após a rotação, (AB) tornou-se um segmento frontal.

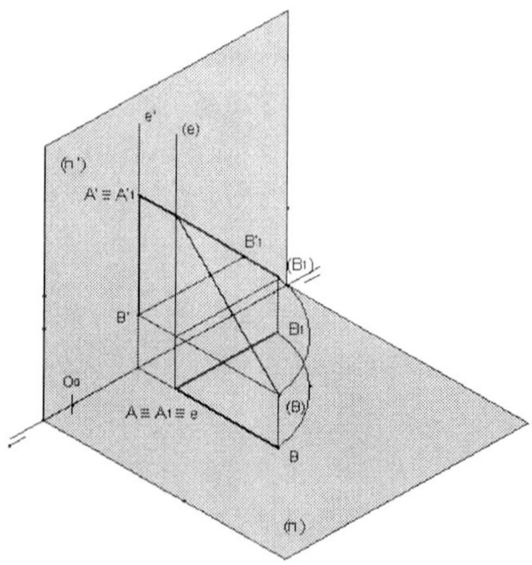

Figura 41-a

A figura 41-b mostra a épura correspondente, com as projeções do eixo (e), antes da rotação.

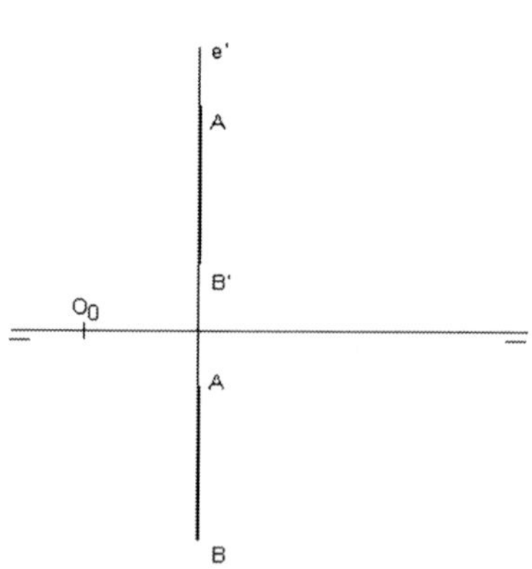

Figura 41-b

Na figura 41-c obtivemos a VG de (B) fazendo os seguintes procedimentos:

1º) traçamos uma semirreta paralela à linha de terra passando por A e no sentido que pretendemos efetuar a rotação. Suponhamos para a direita da épura.

2º) com centro em e ≡ A e raio AB, traçamos um arco de círculo até cortar a paralela. O ponto de interseção será identificado como B_1.

3º) como a cota de (B) não se altera durante e pós a rotação, basta traçar por B' uma paralela à linha de terra, no mesmo sentido. A linha de chamada traçada de B_1, ao encontrar esta paralela, identifica o ponto B'_1.

4º) como o ponto (A) não se moveu, após a rotação teremos $A' \equiv A'_1$, assim como $A \equiv A_1$.

O segmento $A'_1B'_1$ é a VG do segmento (AB)

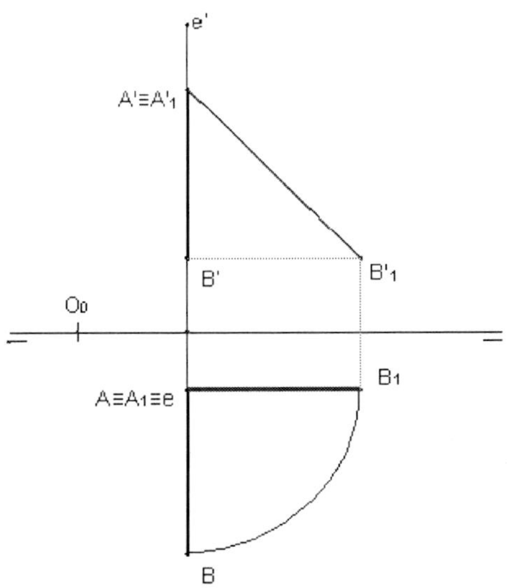

Figura 41-c

Procedimento semelhante pode ser utilizado passando o eixo vertical (e) pelo ponto (B).

Podemos, também, utilizar um eixo de rotação (e) perpendicular a (π'). Nesse caso, (e) será uma reta de topo cuja projeção vertical se reduz ao ponto e'.

A figura 41-e mostra a épura de um segmento de perfil r cuja VG foi obtida utilizando eixo (e) perpendicular ao plano (π'), passando pelo ponto (B).

Em resumo, o procedimento foi o seguinte:

1º) Com centro em e'≡ B' e raio A'B' traçamos um arco de círculo até encontrar a paralela à linha de terra traçada por B', determinando A'_1.

2º) Por A traçamos uma paralela à linha de terra que, ao interceptar a linha de chamada traçada por A'_1 identificará o ponto A_1.

3º) Nesse caso teremos $B' \equiv B'_1$ e $B \equiv B_1$ e segmento (AB) que é de perfil, tornou-se o segmento horizontal (A_1B_1).

O segmento A_1B_1 é a VG do segmento (AB).

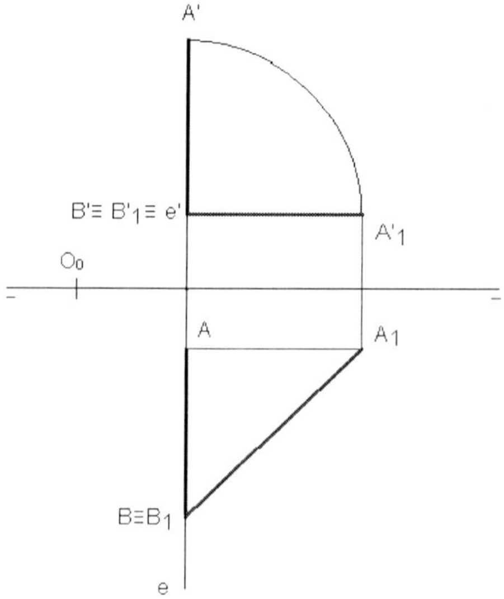

Figura 41-d

Por se tratar da VG de um mesmo segmento, teremos obrigatoriamente:
$A'_1B'_1$ (fig.41-c) = A_1B_1 (fig.41-d)

3.5.3.1.2) VG de Segmentos de Reta Qualquer

Se um determinado segmento tem como suporte uma reta qualquer, os procedimentos para determinar sua VG através de uma rotação em torno de um eixo, são absolutamente os mesmos adotados para segmentos de perfil, como poderá ser constatado a seguir.

Suponhamos, então, um segmento (AB), tal como mostrado na figura 42-a.

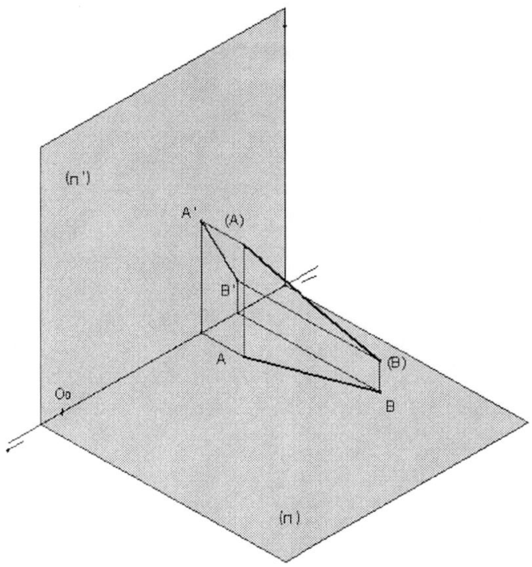

Figura 42-a

Na figura 42-b, criamos um eixo vertical (e) que passa pelo ponto (A). Ao girarmos o segmento em torno de (e), o ponto (A) não se mexe porque pertence ao eixo. O ponto (B), ao girar, descreve um arco de círculo até que (AB) fique paralelo à (π'), definindo o ponto (B_1). Nota-se que o arco descrito por (B) em torno de (e) se projeta em VG em (π) e o segmento AB_1 fica paralelo à linha de terra. Na verdade, após a rotação, o segmento (AB) se torna frontal.

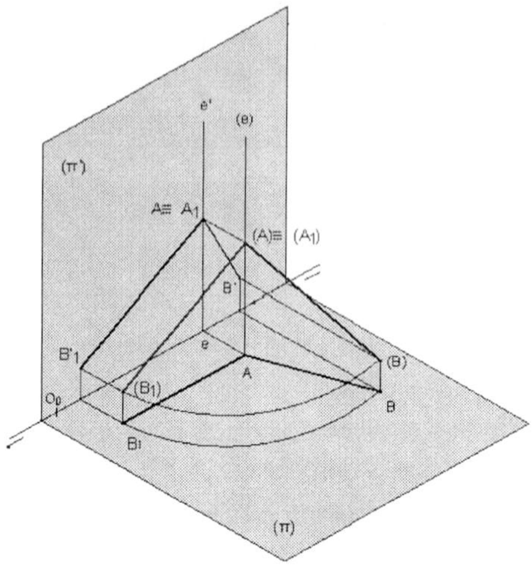

Figura 42-b

A figura 42-c mostra a épura correspondente, incluindo as projeções do eixo vertical (e) passando pelo ponto (A).

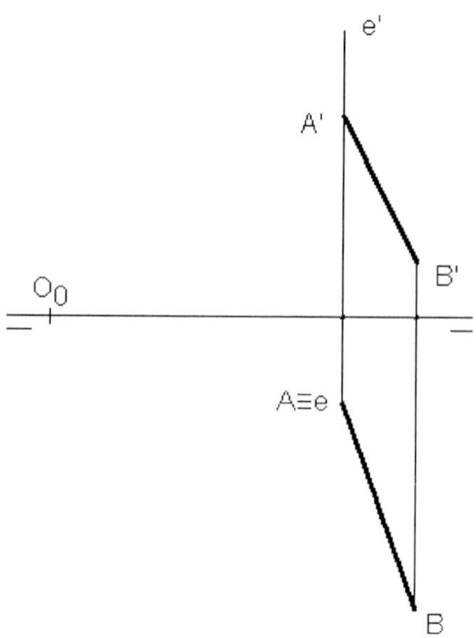

Figura 42-c

Na figura 42-d obtivemos a VG de (AB) fazendo os seguintes procedimentos:

1º) traçamos uma semirreta paralela à linha de terra passando por A e no sentido que pretendemos efetuar a rotação. Pela condição mostrada na épura, faremos a rotação no sentido horário.

2º) com centro em e ≡ A e raio AB, traçamos um arco de círculo até cortar a paralela. O ponto de interseção será identificado como B_1.

3º) como a cota de (B) não se altera durante e pós a rotação, basta traçar por B' uma paralela à linha de terra, no mesmo sentido. A linha de chamada traçada de B_1 ao encontrar esta paralela, identifica o ponto B'_1.

4º) como o ponto (A) não se moveu, após a rotação teremos $A' \equiv A'_1$, assim como $A \equiv A_1$.

O segmento $A'_1B'_1$ é a VG do segmento (AB)

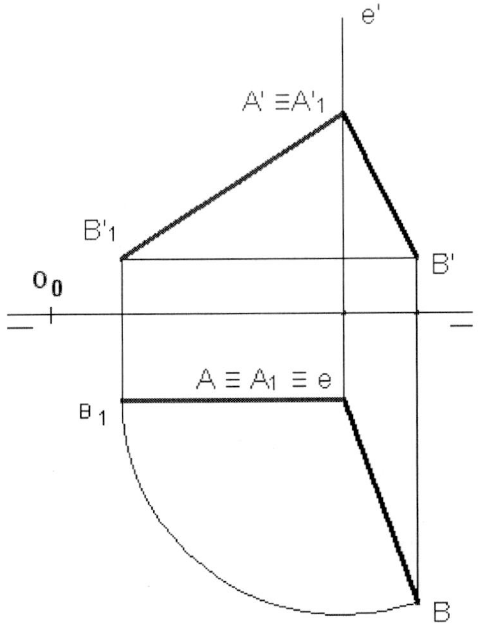

Figura 42-d

Podemos, também, utilizar um eixo de rotação (e) perpendicular a (π'). Nesse caso (e) será uma reta de topo cuja projeção vertical se reduz ao ponto e'.

A figura 42-e mostra a épura de um segmento de reta qualquer cuja VG foi obtida utilizando eixo (e) perpendicular ao plano (π'), passando pelo ponto (B).

Em resumo, o procedimento foi o seguinte:

1º) Com centro em e'≡ B' e raio A'B' traçamos um arco de círculo até encontrar a paralela à linha de terra traçada por B', determinando A'_1.

2º) Por A traçamos uma paralela à linha de terra que, ao interceptar a linha de chamada traçada por A'_1 identificará o ponto A_1.

3º) Nesse caso teremos $B' \equiv B'_1$ e $B \equiv B_1$ e segmento (AB) que é de perfil, tornou-se o segmento horizontal (A_1B_1).

O segmento A_1B_1 é a VG do segmento (AB).

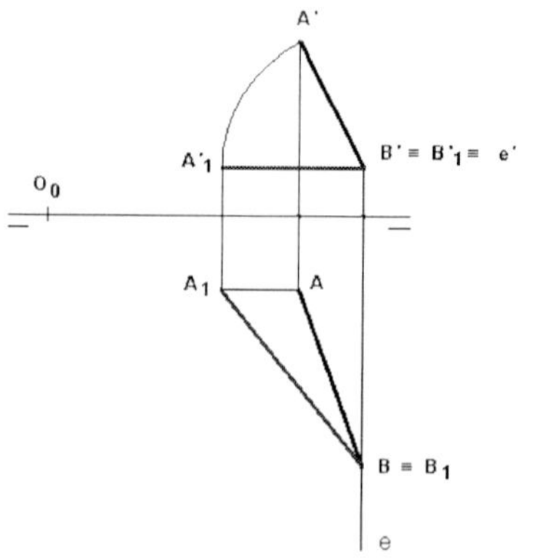

Figura 42-e

Por se tratar da VG de um mesmo segmento, teremos obrigatoriamente:
$A'_1B'_1$ (fig.42-d) = A_1B_1 (fig.42-e)

3.5.3.2) Mudança de Plano de Projeção

O método conhecido como tal, consiste em criar um novo sistema de projeções que contenha um dos planos de projeção do sistema original e outro, obrigatoriamente, perpendicular ao plano mantido. A aplicação direta desse método é possível, desde que o novo plano de projeção seja paralelo ao plano da figura ou contenha a figura.

Se for mantido o plano horizontal de projeção (π) – incluindo a projeção horizontal do segmento – o novo plano será, obrigatoriamente, um plano de vertical. Nesse caso diremos que foi feita uma **mudança de plano vertical**.

Se for mantido o plano vertical de projeção (π') – incluindo a projeção vertical do segmento – o novo plano de projeção será, obrigatoriamente, um plano de topo. Nesse caso, diremos que foi feita uma **mudança de plano horizontal.**

Em ambos os casos, a linha de terra do novo sistema será a interseção do plano de projeção mantido e o plano de projeção criado.

3.5.3.2.1) Segmentos de Perfil

Na figura 43-a é mostrado um segmento de perfil (AB), bem como um plano (π'_1) perpendicular a (π) e paralelo a (AB). Observe-se que o trapézio (A)(B)BA é, portanto, também paralelo ao plano (π'_1).

Os planos (π) e (π'_1) constituem um novo sistema projetivo, onde ($\pi\pi'_1$) é a linha de terra deste novo sistema. Isto significa dizer que estamos fazendo uma **mudança de plano vertical**, trocando (π') por (π'_1).

Projetando o segmento (AB) nesse novo sistema, verificamos que:

a) as projeções horizontais não se alteram porque o plano (π) foi mantido;
b) as cotas de (A) e de (B), após a mudança do plano vertical, são iguais às respectivas cotas no sistema original.

Outra constatação importante é que a distância de (π'_1) à (AB) é absolutamente arbitrária, pois qualquer que seja tal distância, as projeções ortogonais de (A) e de (B) nesse plano são invariantes. Logo, a distância entre a nova linha de terra e a projeção horizontal de (AB) também é arbitrária.

O segmento A_1B_1 é a VG do segmento (AB).

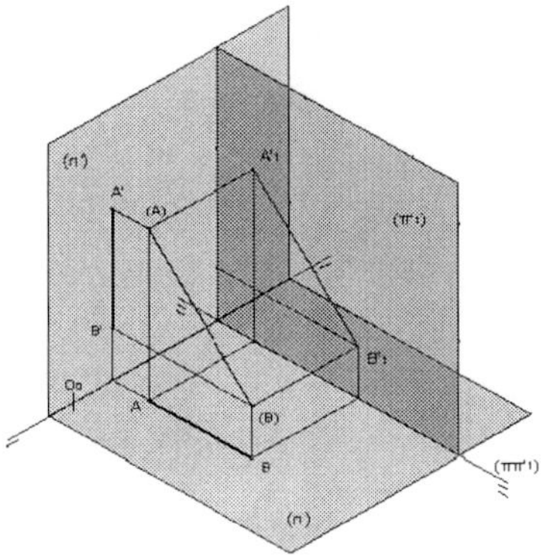

Figura 43-a

A figura 43-b mostra como é obtida a épura respectiva.

Inicialmente traçamos a linha de terra do novo sistema, paralela a AB. A distância entre elas é arbitrária, podendo até ser nula, isto é, ambas podem ser coincidentes.

As projeções horizontais permanecem as mesmas, ou seja:

$A \equiv A_1$ e $B \equiv B_1$

Em seguida, são traçadas novas linhas de chamada, a partir de A e B, perpendiculares à nova linha de terra (ou a linha de terra do novo sistema).

Como o plano horizontal de projeção (π) é o mesmo em ambos os sistemas, as cotas de (A) e de (B) não se alteram. Logo, as cotas de (A) e de (B) são marcadas a partir da nova linha de terra, sobre as linhas de chamadas do novo sistema traçadas anteriormente, determinando as projeções de (A) e (B), isto é, A'_1 e B'_1.

O segmento $A'_1B'_1$ é a VG do segmento (AB).

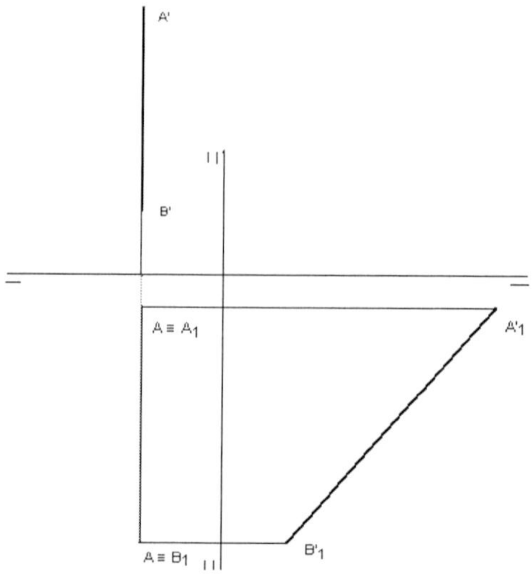

Figura 43-b

Se for mais conveniente fazer uma mudança de plano horizontal, o novo plano de projeção será (π_1), o que implica em dizer que, no novo sistema, o plano vertical de projeção não se altera. A nova linha de terra é agora ($\pi_1\pi'$).

A visão espacial mostrada na figura 44-a é semelhante à que é mostrada na figura 43-a. O novo plano de projeção muda de nome, e a linha de terra muda de posição.

Projetando o segmento (AB) nesse novo sistema, verificamos que:

a) as projeções verticais não se alteram porque o plano (π') foi mantido;

b) os afastamentos de (A) e de (B), após a mudança do plano horizontal são as iguais aos respectivos afastamentos no sistema original.

Outra constatação importante é que a distância de (π_1) à (AB) é absolutamente arbitrária, pois qualquer que seja tal distância, as projeções ortogonais de (A) e de (B) nesse plano são invariantes. Logo, a distância entre a nova linha de terra e a projeção vertical de (AB) também é arbitrária.

O segmento $A'_1B'_1$ é a VG do segmento (AB).

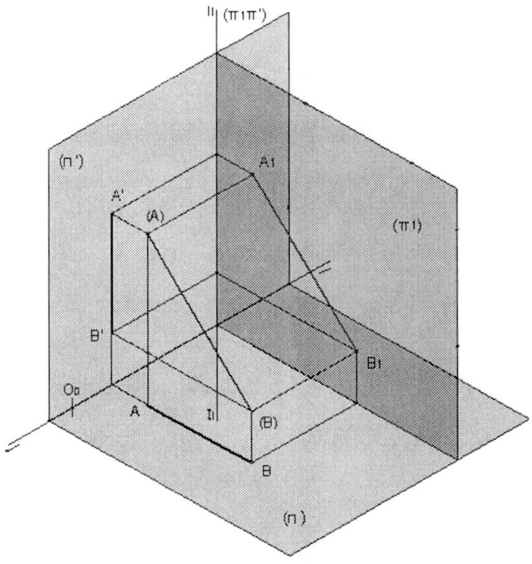

Figura 44-a

A figura 44-b mostra como é obtida a épura respectiva.

Inicialmente traçamos a linha de terra do novo sistema, agora paralela a A'B'. A distância entre elas é arbitrária, podendo até ser nula, isto é, ambas serem coincidentes.

As projeções verticais permanecem as mesmas, ou seja:

$A' \equiv A'_1$ e $B' \equiv B'_1$

Em seguida, são traçadas novas linhas de chamada, a partir de A' e B', perpendiculares à nova linha de terra (ou a linha de terra do novo sistema).

Como o plano vertical de projeção (π') é o mesmo em ambos os sistemas, os afastamentos de (A) e de (B) não se alteram. Logo, os afastamentos de (A) e de (B) são marcadas a partir da nova linha de terra, sobre as linhas de chamadas do novo sistema traçadas anteriormente, determinando as projeções de (A) e (B), isto é, A_1 e B_1.

O segmento $A_1B'_1$ é a VG do segmento (AB).

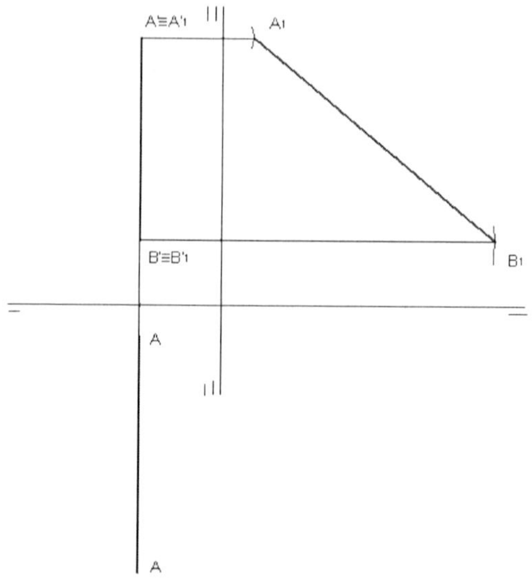

Figura 44-b

Por se tratar da VG de um mesmo segmento, teremos obrigatoriamente:

$A'_1B'_1$ (fig.43-b) = A_1B_1 (fig.44-b)

3.5.3.2.2) Segmentos de Reta Qualquer

Na figura 45-a é mostrado um segmento de reta qualquer (AB), bem como um plano (π'_1) perpendicular a (π) e paralelo a (AB). Observe-se que o trapézio (A)(B)BA é, portanto, também paralelo ao plano (π'_1).

Os planos (π) e (π'_1) constituem um novo sistema projetivo, onde ($\pi\pi'_1$) é a linha de terra deste novo sistema. Isto significa dizer que estamos fazendo, também uma **mudança de plano vertical**, trocando (π') por (π'_1).

Projetando o segmento (AB) nesse novo sistema, verificamos que:

a) as projeções horizontais não se alteram porque o plano (π) foi mantido;

b) as cotas de (A) e de (B) , após a mudança do plano vertical, são as iguais às respectivas cotas no sistema original.

Outra constatação importante é que a distância de (π'_1) à (AB) é absolutamente arbitrária, pois qualquer que seja tal distância, as projeções ortogonais de (A) e de (B) nesse plano são invariantes. Logo, a distância entre a nova linha de terra e a projeção horizontal de (AB) também é arbitrária.

O segmento A_1B_1 é a VG do segmento (AB).

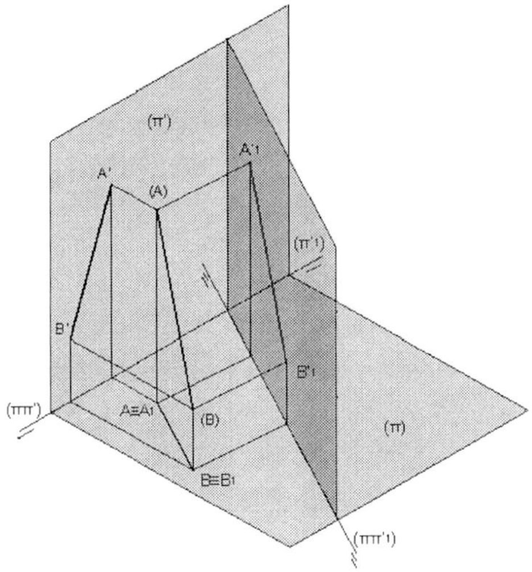

Figura 45-a

A figura 45-b mostra como é obtida a épura respectiva.

Inicialmente traçamos a linha de terra do novo sistema, paralela a AB. A distância entre elas é arbitrária, podendo até ser nula, isto é, ficam coincidentes.

As projeções horizontais permanecem as mesmas, ou seja:

$A \equiv A_1$ e $B \equiv B_1$

Em seguida, são traçadas novas linhas de chamada, a partir de A e B, perpendiculares à nova linha de terra (ou a linha de terra do novo sistema).

Como o plano horizontal de projeção (π) é o mesmo em ambos os sistemas, as cotas de (A) e de (B) não se alteram. Logo, estas cotas são marcadas a partir da nova linha de terra, sobre as linhas de chamadas do novo sistema traçadas anteriormente, determinando as novas projeções verticais de (A) e (B), isto é, A'_1 e B'_1.

O segmento $A'_1B'_1$ é a VG do segmento (AB).

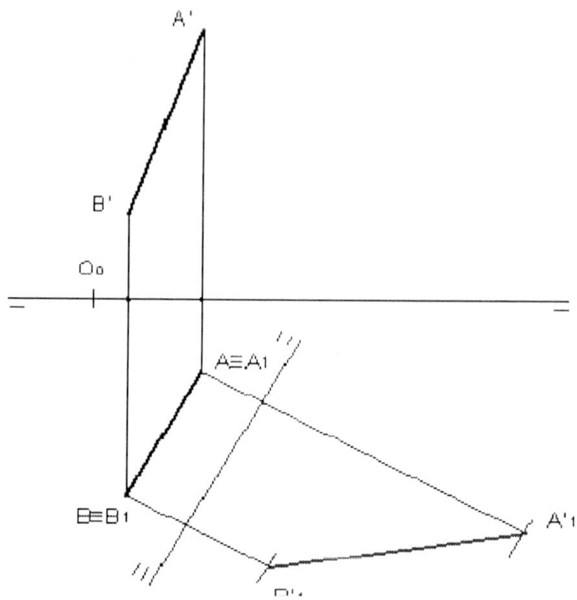

Figura 45-b

Se for mais conveniente fazer uma mudança de plano horizontal, o novo plano de projeção será (π_1), o que implica em dizer que, no novo sistema, o plano vertical de projeção não se altera. A nova linha de terra é agora ($\pi_1\pi'$).

A figura 46-a mostra as projeções de um segmento (AB) de reta qualquer e o novo plano de projeção, agora contendo o segmento objetivo e, por isso, contendo a projeção vertical A'B' do segmento.

Projetando o segmento (AB) nesse novo sistema, verificamos que:

c) as projeções verticais não se alteram porque o plano (π') foi mantido;

d) os afastamentos de (A) e de (B), após a mudança do plano horizontal são as iguais aos respectivos afastamentos no sistema original.

O segmento A_1B_1 é a VG do segmento (AB).

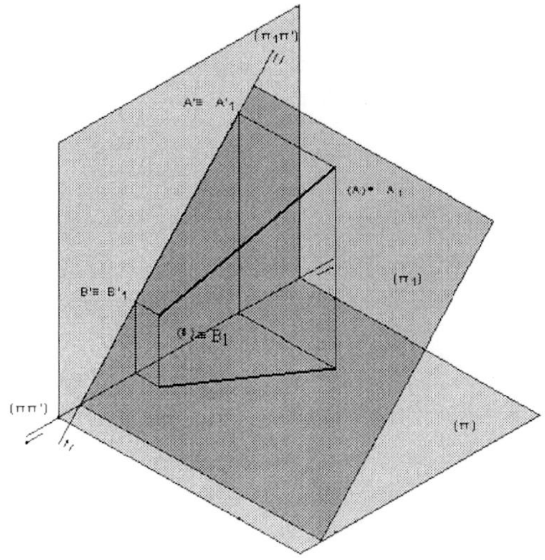

Figura 46-a

A figura 46-b mostra como é obtida a épura respectiva.

Inicialmente traçamos a linha de terra do novo sistema, desta feita, contendo a projeção vertical do segmento.

As projeções verticais permanecem as mesmas, ou seja:

$A' \equiv A'_1$ e $B' \equiv B'_1$

Em seguida, são traçadas novas linhas de chamada, a partir de A' e B', perpendiculares à nova linha de terra (ou a linha de terra do novo sistema).

Como o plano vertical de projeção (π) é o mesmo em ambos os sistemas, os afastamentos de (A) e de (B) não se alteram. Logo, estes afastamentos são marcados a partir da nova linha de terra, sobre as linhas de chamadas traçadas anteriormente, determinando as novas projeções horizontais de (A) e (B), isto é, A_1 e B_1.

O segmento A_1B_1 é a VG do segmento (AB).·.

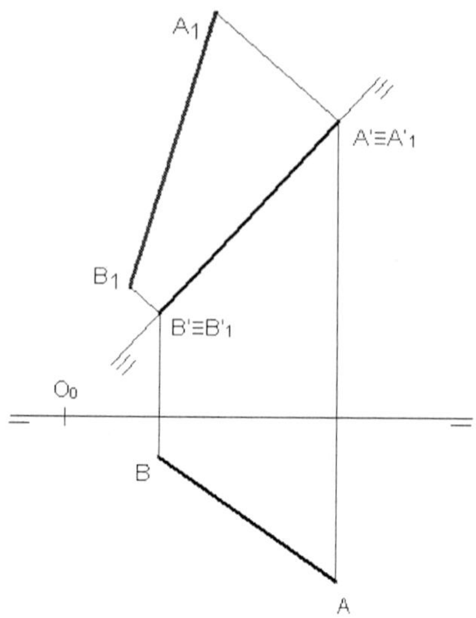

Figura 46-b

Por se tratar da VG de um mesmo segmento, teremos obrigatoriamente:

$A'_1B'_1$ (fig.45-b) = A_1B_1 (fig.46-b)

3.6) Divisão de um Segmento numa Razão Dada

Suponhamos que um segmento (AB) seja dividido em duas partes por um ponto (M) de tal maneira que (MA) / (MB) = k. A figura 47 mostra o segmento (AB), o ponto (M) Î (AB) e suas projeções num plano (π). Por (A) traçamos uma paralela a (π) até encontrar o raio projetante que passa por (B), determinando ali o ponto (P) e o ponto (N) sobre o raio projetante que passa por (M).

Pelo teorema de Tales podemos escrever que (MA) / (MB) = NA / NP. Ocorre que N ≡ M e P ≡ B. Podemos então entender que (MA) / (MB) = MA / MB. Logo, teremos k = MA / MB. Assim sendo, podemos escrever:

Quando um ponto divide um segmento numa dada razão, a projeção do ponto num plano divide a projeção do segmento neste plano na mesma razão.

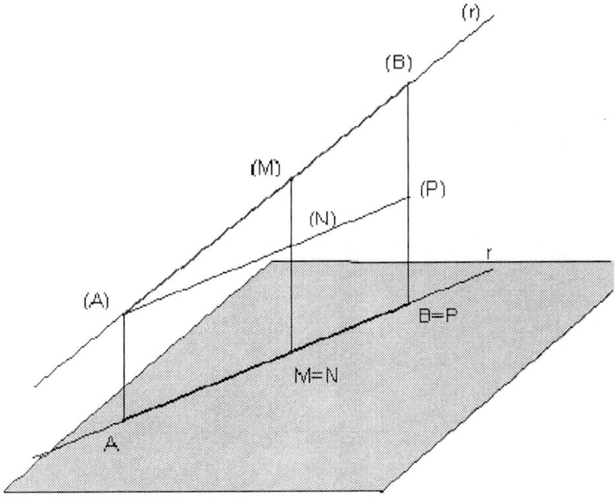

Figura 47

A figura 48 mostra a épura de um segmento (AB) dividido por um ponto (M) numa razão k. Pelo que vimos, teremos M'A' / M'B' = MA / MB = k. Convém observar também que M_0A_0 / M_0B_0 = k

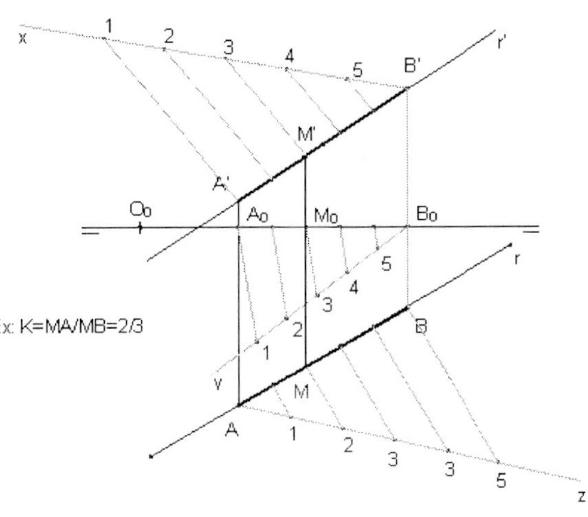

Figura 48

3.7) Posições Relativas entre Retas e Segmentos de Retas

Dois segmentos, assim como as respectivas retas suportes, podem ser, um em relação ao outro:

V) concorrentes (oblíquos ou perpendiculares);

VI) reversos (ou revessos);

VII) paralelos.

3.7.1) Segmentos Concorrentes

Dois segmentos são concorrentes quando possuem um ponto comum. Ao projetarmos ortogonalmente dois segmentos concorrentes sobre um plano, a projeção do ponto comum aos dois coincidirá com o ponto comum de suas projeções no plano, como se pode ver na figura 49.

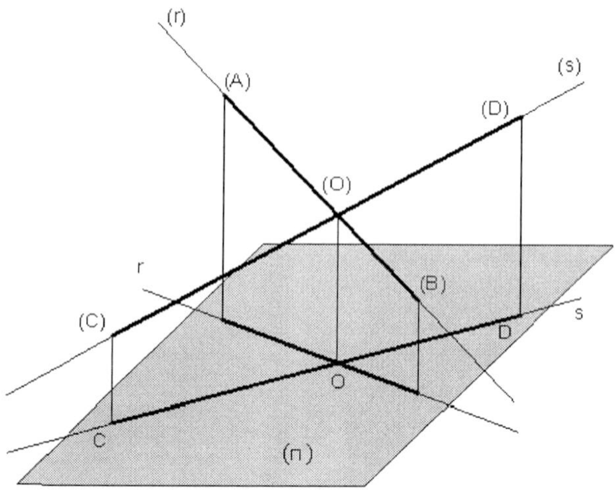

Figura 49

Em épura, dois segmentos são concorrentes quando o ponto comum às projeções de mesmo nome estão numa mesma linha de chamada. Se um segmento (AB) concorre com um segmento (CD) num ponto (O), O' e O estão na mesma linha de chamada, como mostra a figura 50.

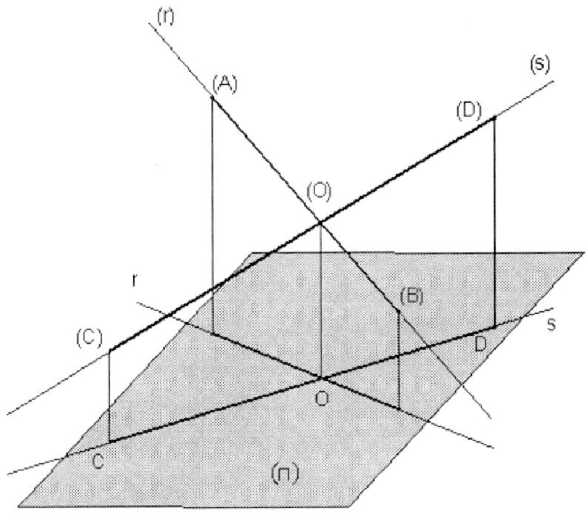

Figura 50

Observando a figura 51, podemos afirmar que se trata da épura de dois segmentos concorrentes. Ocorre, neste caso, que as projeções horizontais das retas jazidas dos segmentos são coincidentes. A condição de concorrência é dada pelas projeções verticais.

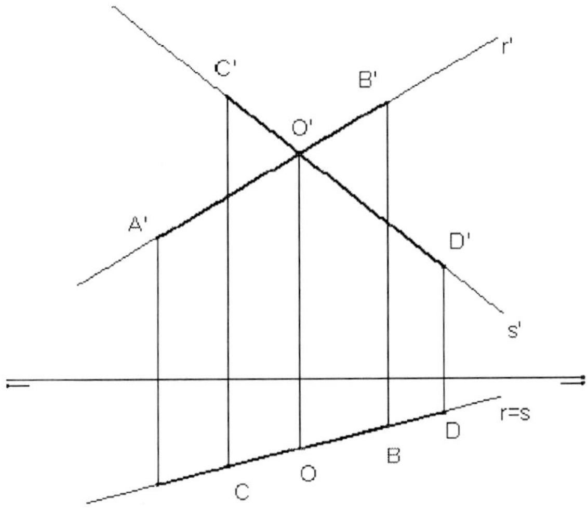

Figura 51

Dois segmentos são perpendiculares quando o ângulo que fazem é reto. Um ângulo reto só se projeta reto, se um dos lados for paralelo ao plano de projeção, como mostra a figura 52. No caso, a reta (h) é horizontal. Logo, o lado do ângulo reto representado pelo segmento (CD) se projeta em VG no plano horizontal de projeção.

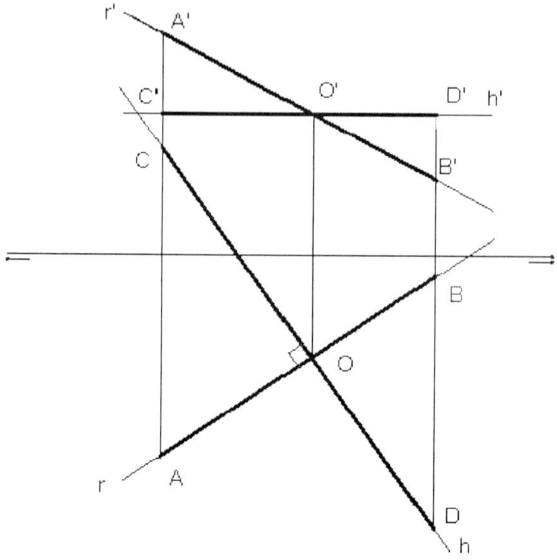

Figura 52

3.7.2) Segmentos Paralelos

Dois segmentos são paralelos quando têm a mesma direção. Diz-se também que duas retas são paralelas quando concorrem num ponto impróprio.

Os segmentos (AB) e (CD) são paralelos e ambos são projetados ortogonalmente num plano (π), obtendo-se respectivamente, os segmentos AB e CD, tal como mostrado na figura 53. Observemos que os planos dos trapézios formados pelos segmentos e suas respectivas projeções são paralelos e perpendiculares a (π). Logo, suas interseções com (π) são retas também paralelas e que contêm, respectivamente, AB e CD.

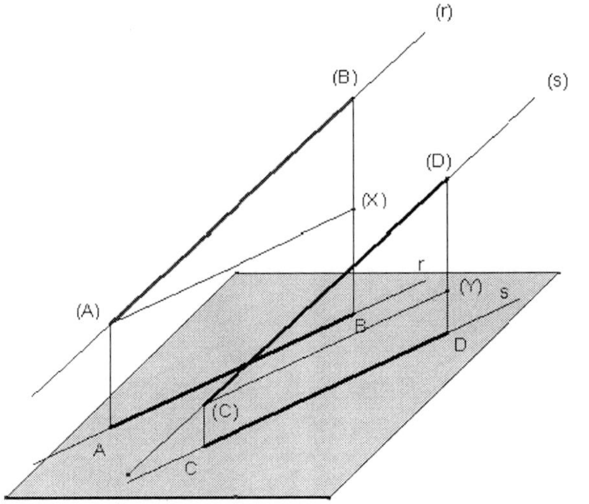

Figura 53

Assim, podemos escrever:

Quando dois ou mais segmentos são paralelos, suas projeções ortogonais num plano são, também, paralelas.

Portanto, se dois segmentos, (AB) e (CD) são paralelos, as projeções de mesmo nome serão também paralelas, como mostra a figura 54.

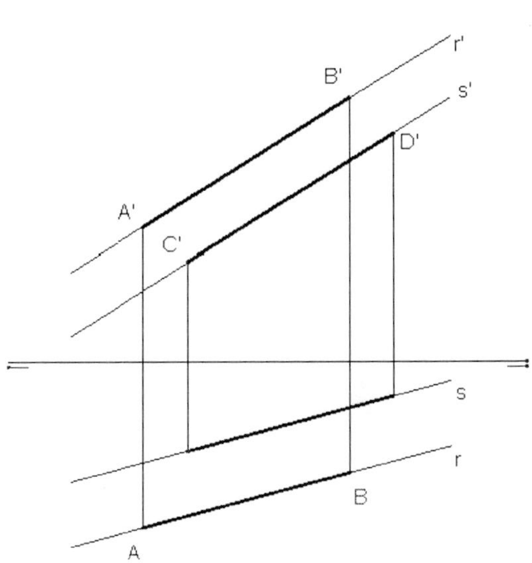

Figura 54

Observando a figura 55 podemos afirmar que se trata da épura de dois segmentos paralelos. Ocorre, agora, que as projeções horizontais das retas jazidas dos segmentos são coincidentes. A condição de paralelismo é dada pelas projeções verticais.

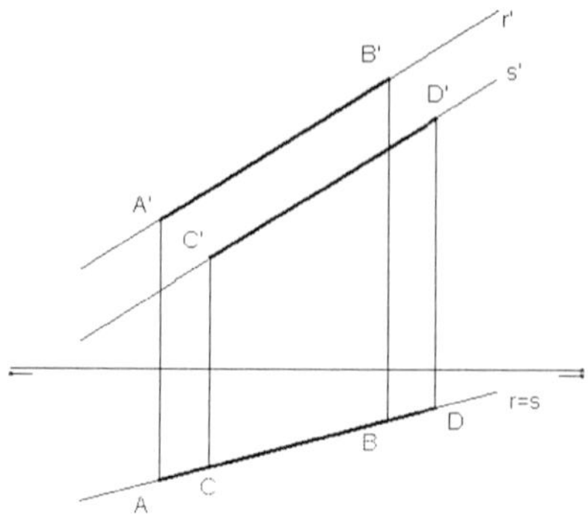

Figura 55

3.7.3) Segmentos Reversos (ou Revessos)

Dois segmentos são revessos quando não possuem ponto comum. Diz-se, também, que duas retas são reversas quando não possuem ponto comum, nem próprio, nem impróprio.

Se os segmentos (AB) e (CD) são reversos, os pontos de concorrência das projeções de mesmo nome não estão na mesma linha de chamada, como mostra a figura 56.

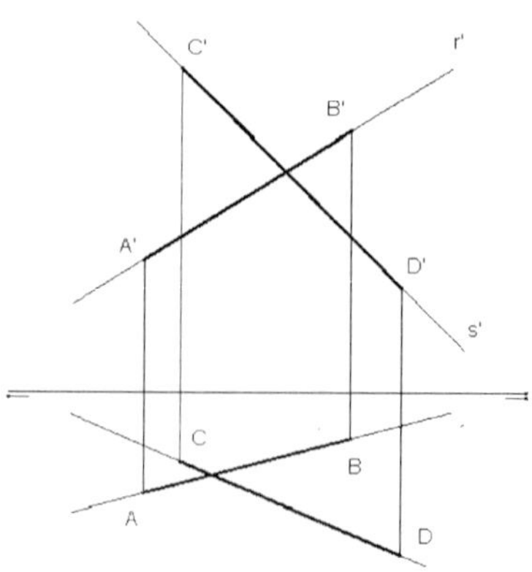

Figura 56

Capítulo 4

Projeções Ortogonais de Figuras Planas

4.1) Considerações Iniciais

Uma figura é *plana* quando a totalidade dos seus pontos pertence a um único plano, isto é, são todos *coplanares*. Retas, segmentos de retas, círculos, arcos de círculos, polígonos regulares são exemplos de figuras planas. É importante lembrar que uma figura plana define o plano ao qual pertence.

4.2) Posições de um Plano em Relação a um Plano de Projeção

Suponhamos um plano denominado (π) que será utilizado como plano de projeção

Em relação a (π), um outro plano pode ser:

I. paralelo;
II. perpendicular;
III. oblíquo.

4.3) Traços de um Plano

De um modo geral, chama-se traço de um plano sobre outro, a reta de interseção destes planos. No âmbito da Geometria Descritiva, o traço de um plano é a reta de interseção do plano com um plano de projeção.

A notação adotada para o traço de um plano deve conter a letra grega minúscula, que identifica o plano, seguida da letra que identifica o plano de projeção interceptado. Assim, o traço de um plano (α), por exemplo, num plano projeção (π), suposto horizontal, será identificado no espaço como (απ).

Nesta condição, (απ) é uma reta de (α) de cota nula. Sua projeção no plano (π) será, portanto, απ.

Se o plano é paralelo ao plano de projeção, evidentemente não haverá indicação do traço.

As figuras 57-a a 57-c mostram como ficam no espaço os planos, conforme sua posição em relação a um plano de projeção.

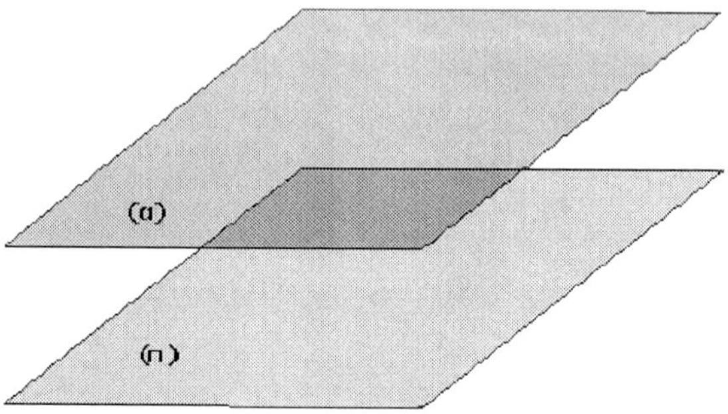

Figura 57-a

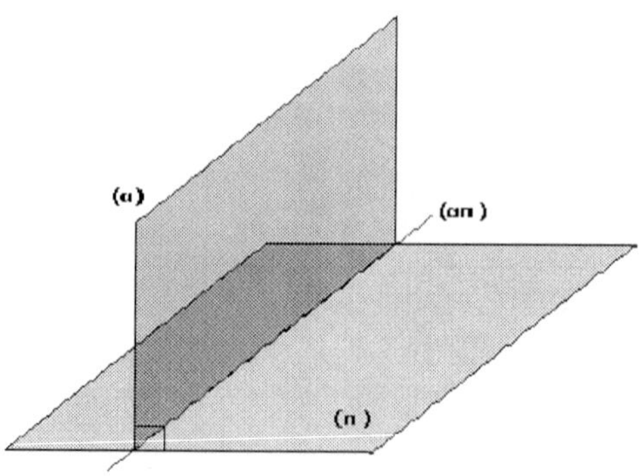

Figura 57-b

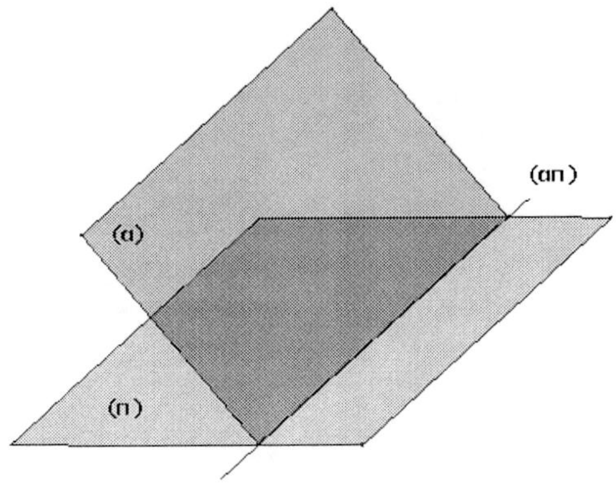

Figura 57-c

Assim sendo, pode-se concluir imediatamente que:

I. Se (α) for um **plano paralelo a um plano de projeção**, todas as figuras que lhe pertencem se projetarão em verdadeira grandeza no plano (π) (fig. 58-a);

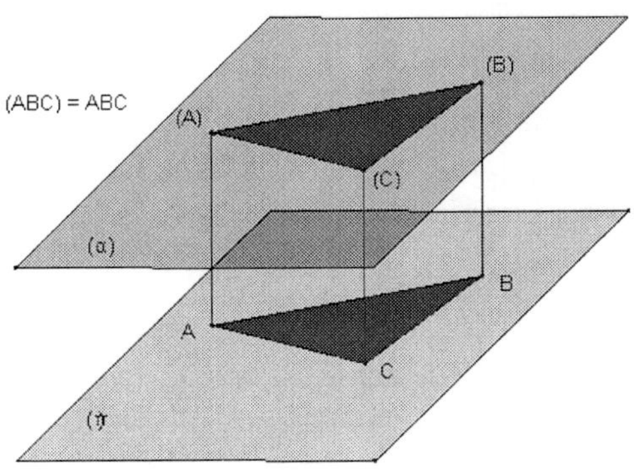

Figura 58-a

II. Se (α) for um **plano perpendicular a um plano de projeção**, todas as figuras que lhe pertencem se projetarão no plano (π) segundo um segmento sobre o traço (απ) (fig. 58-b);

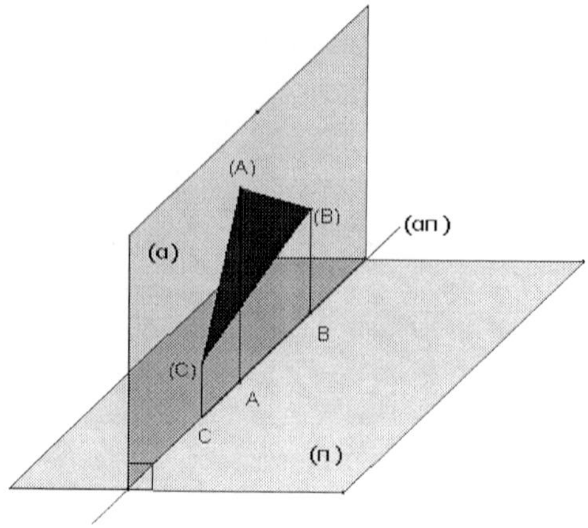

Figura 58-b

III. Se (α) for um **plano oblíquo a um plano de projeção**, qualquer figura que lhe pertença a (α), deverá ter suas projeções localizadas **obrigatoriamente** sobre, pelo menos, três pontos (ou duas retas) desse plano (fig. 58-c).

Como se observa na figura, as retas (r), (s) e (t) pertencem ao plano (α) porque são suportes dos lados do triângulo (ABC) que, por hipótese, está contido nesse plano. Os vértices (A) e (B) e suas respectivas projeções ortogonais A e B em (π) pertencem a um plano cujas interseções com (α) e (π) são, respectivamente, (r) e r. O ponto comum aos três planos é a interseção de (r), r e (απ).

Tal raciocínio pode ser estendido aos outros dois lados (AC) e (BC) com relação às retas (s) e (t).

Ocorre, porém, que as interseções destas com (π) são, respectivamente, seus traços neste plano verificando-se, também, que tais pontos estão localizados sobre (απ).

No caso da reta ser paralela ao traço do plano, a condição de pertinência da reta ao plano será garantida se ela for concorrente com outra reta do mesmo plano.

Assim, podemos afirmar que:

Quando uma reta pertencente a um plano é projetada sobre um plano de projeção, o traço da reta estará localizado no traço do plano.

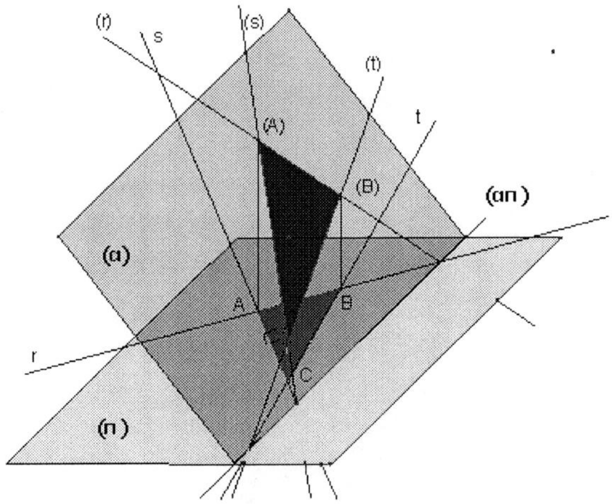

Figura 58-c

4.4) Projeções de Figuras Planas

4.4.1) Figura Paralela a(π)

Nesta situação, todos os pontos da figura (f) têm cotas iguais, ou seja, (f) ≡ f.

Sendo (f) paralela a (π), o plano que a contém é perpendicular a (π'). Logo, f', projeção vertical de (f), se reduzirá a um segmento de reta que conterá as projeções verticais de todos os seus pontos. Assim, para uma figura plana (f) caracterizada pelos pontos (A), (B)...(N), teremos:

- $z_{(A)} = z_{(B)} = \ldots = z_{(N)}$
- A'B'...C' ≡ f'

Nessas condições, diz-se que a figura pertence a um **plano horizontal** ou, mais apropriadamente, **plano de nível**.

Por suas características específicas, pode-se concluir que um plano de nível só admite retas cujos pontos possuam cotas iguais, ou seja:

I. retas horizontais;
II. retas fronto-horizontais;
III. retas de topo;

A figura 59-a mostra, no espaço, um plano de nível (α), bem como as retas (h), horizontal, (r), fronto-horizontal e (t), de topo e do ponto (M) de interseção dessas retas. As respectivas projeções são também mostradas.

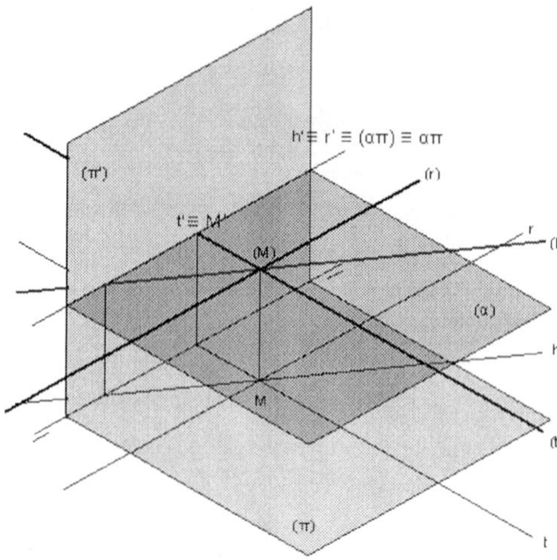

Figura 59-a

Em resumo, podemos então dizer que:

Qualquer figura (plana) paralela ao plano horizontal de projeção pertence a um plano de nível, observando-se que:

I. a projeção horizontal da figura está em verdadeira grandeza (VG).

II. a projeção vertical da figura se reduz a um segmento contido no traço vertical do plano.

A figura 59-b mostra a representação espacial de um triângulo (ABC) pertencente a um plano de nível (α).

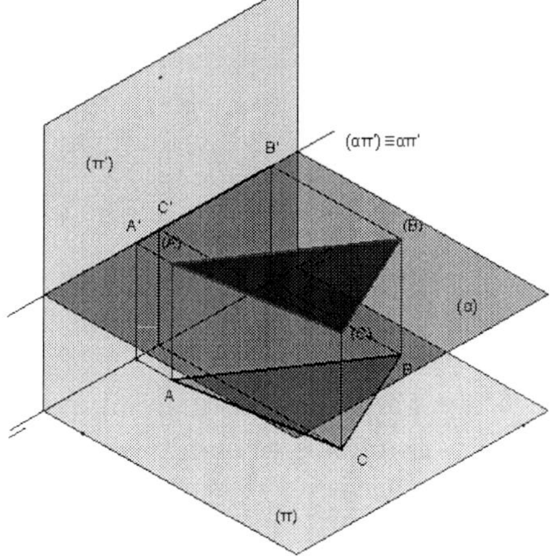

Figura 59-b

A figura 59-c mostra a épura correspondente é onde a projeção horizontal de (ABC), ou seja, A'B'C' está em verdadeira grandeza (VG).

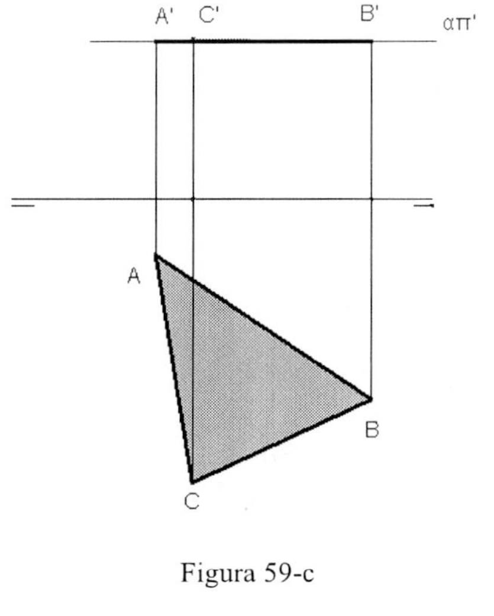

Figura 59-c

4.4.2) Figura Paralela a (π')

Nesta situação, todos os pontos da figura (f) têm afastamentos iguais, ou seja, (f) ≡ f'.

Fazendo raciocínio análogo ao do caso anterior, podemos escrever:

- $y_{(A)} = y_{(B)} = ... = y_{(N)}$
- AB...C ≡ f

Nessas condições, diz-se que a figura pertence a um **plano frontal** (ou **plano de frente**).

Por suas características específicas, pode-se concluir que um plano frontal só admite retas cujos pontos possuam afastamentos iguais, ou seja:

I. retas frontais;
II. retas fronto-horizontais;
III. retas verticais.

A figura 60-a mostra, no espaço, um plano frotal (α), bem como as retas (f), frontal, (r), fronto-horizontal e (v), vertical e do ponto (M) de interseção dessas retas. As respectivas projeções são também mostradas.

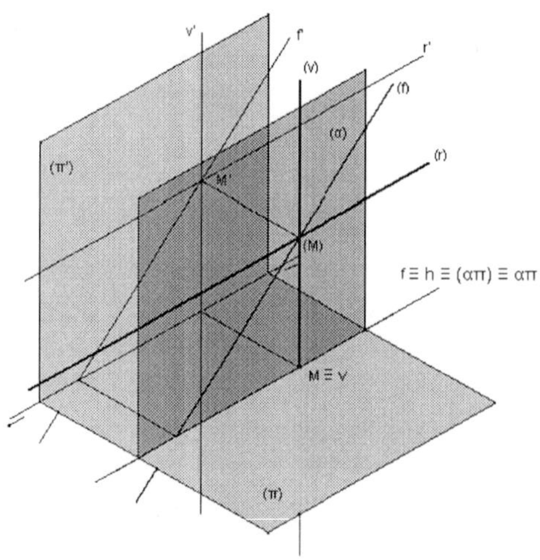

Figura 60-a

Em resumo, podemos então dizer que:

Qualquer figura (plana) paralela ao plano vertical de projeção pertence a um plano frontal, observando-se que:

I. a projeção vertical da figura está em verdadeira grandeza (VG).

II. a projeção vertical da figura se reduz a um segmento contido no traço horizontal do plano.

A figura 60-b mostra a representação espacial de um triângulo (ABC) pertencente a um plano frontal (α).

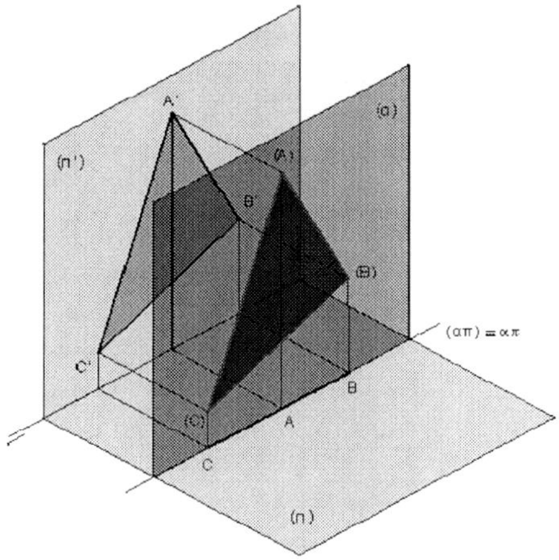

Figura 60-b

A figura 60-c mostra a épura correspondente, onde a projeção vertical de (ABC), ou seja, ABC está em verdadeira grandeza (VG).

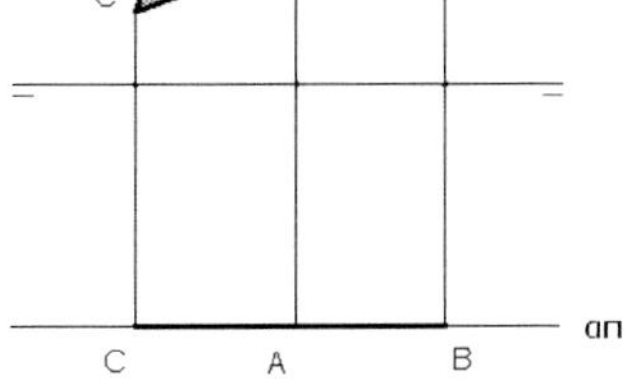

Figura 60-c

4.4.3) Figura Perpendicular a (π) e Oblíqua a (π')

Quando uma figura (f) é perpendicular a (π), sua projeção horizontal – f – se reduz a um segmento composto pelas projeções horizontais de seus pontos. A projeção vertical de (f) é uma outra figura, f', definida pelas projeções verticais de seus pontos e *não representa* a VG de (f) porque o plano ao qual pertence é oblíquo em relação a (π').

Nessas condições, diz-se que a figura pertence a um **plano vertical**.

Por suas características específicas, pode-se concluir que um plano vertical só admite os seguintes tipos de reta:

I. retas verticais;

II. retas horizontais;

III. retas quaisquer (ou genéricas).

A figura 61-a mostra, no espaço, um plano vertical (α), bem como as retas (v), vertical, (h), horizontal e (q), qualquer e do ponto (M) de interseção dessas retas. As respectivas projeções são também mostradas.

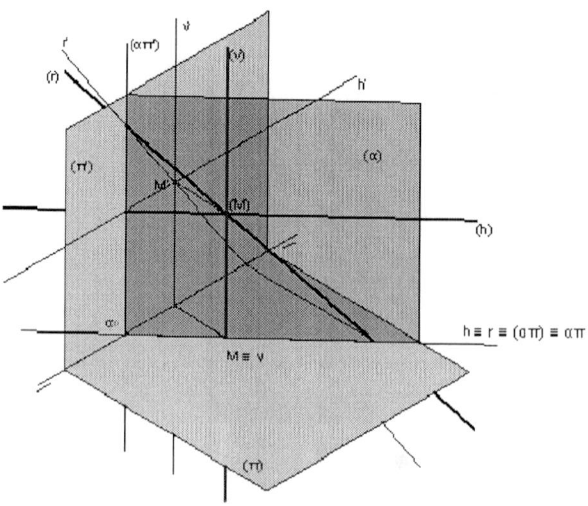

Figura 61-a

A figura 61-b mostra, no espaço, as projeções de um triângulo (ABC) pertencente a um plano vertical (α).

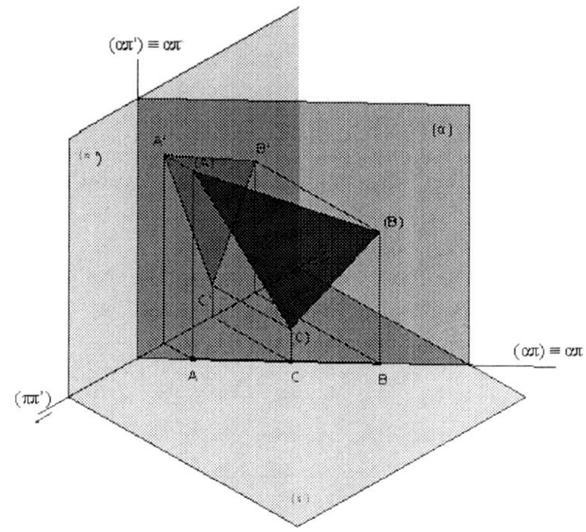

Figura 61-b

A figura 61-c mostra a épura correspondente. Como se vê, a projeção horizontal ABC pertence a (απ).

Como um plano vertical é perpendicular ao plano horizontal de projeção (π), seu traço em (π'), ou seja, (απ') é uma reta vertical de afastamento nulo.

O ponto α_0, na linha de terra, é a interseção entre (α), (π) e (π').

A épura de uma figura pertencente a um plano vertical não permite, de um modo geral, saber se o triângulo (ABC) é equilátero, isósceles ou escaleno.

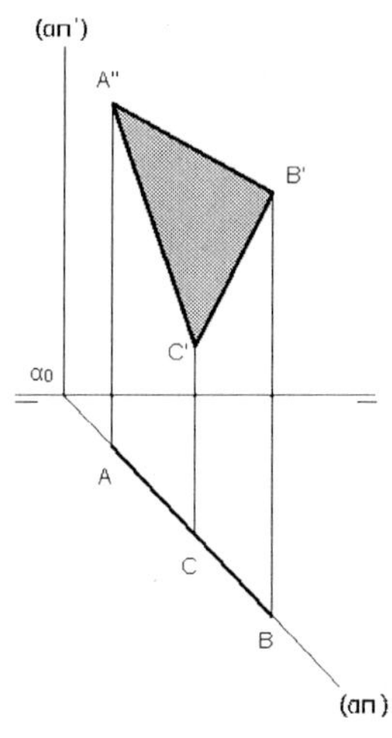

Figura 61-c

4.4.4) Figura Perpendicular a (π') e Oblíqua a (π)

Quando uma figura (f) é perpendicular a (π'), sua projeção vertical – f – se reduz a um segmento composto pelas projeções verticais de seus pontos. A projeção horizontal de (f) é outra figura, f', definida pelas projeções horizontais de seus pontos e *não representa* a VG de (f) porque o plano ao qual pertence é oblíquo em relação a (π').

Nestas condições, diz-se que a figura pertence a um **plano de topo**.

Por suas características específicas, pode-se concluir que um plano de topo só admite os seguintes tipos de reta:

I. retas de topo;
II. retas frontais;
III. retas quaisquer (ou genéricas).

A figura 62-a mostra, no espaço, um plano de topo (α), bem como as retas (t), de topo, (f), frontal e (q), qualquer e do ponto (M) de interseção dessas retas. As respectivas projeções são também mostradas.

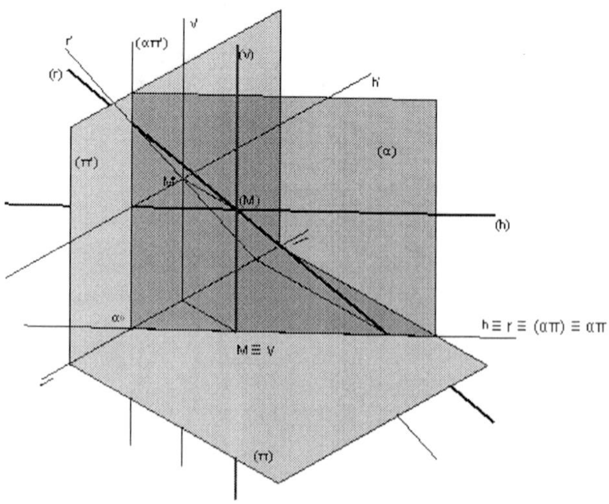

Figura 62-a

A figura 62-b mostra a representação espacial das projeções de um triângulo (ABC) pertencente a um plano de topo (α).

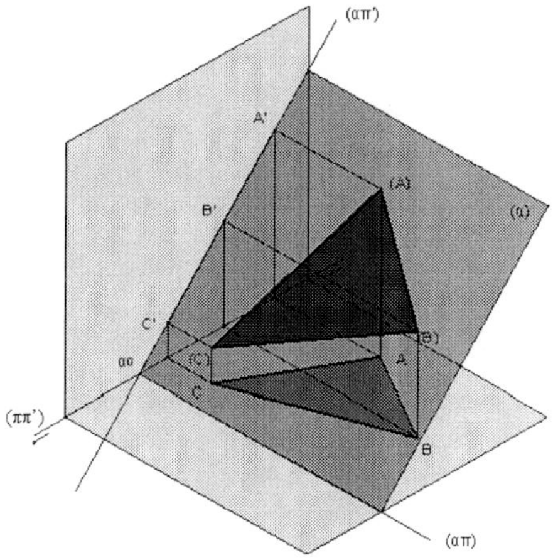

Figura 62-b

A figura 62-c mostra a épura de um triângulo (ABC) pertencente a um plano vertical (α). Logo, a projeção vertical A'B'C' pertence a (απ').

Como um plano de topo é perpendicular ao plano vertical de projeção (π'), seu traço em (π), ou seja, (απ) é uma reta de topo de cota nula.

O ponto α_0, na linha de terra, é a interseção entre (α), (π) e (π').

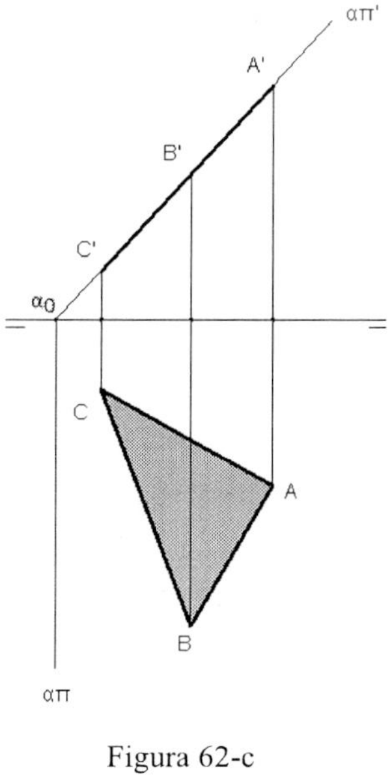

Figura 62-c

4.5) Figura Perpendicular a (π) e a (π')

Sendo perpendicular aos dois planos de projeção, (π) e (π'), o plano que contém a figura (f) é perpendicular, também, à linha de terra. Nesta posição, tanto a projeção horizontal, como a projeção vertical, serão reduzidas a segmentos de reta. Obviamente, nenhuma das duas projeções mostra a verdadeira grandeza da figura.

Uma figura assim posicionada pertence ao chamado **plano de perfil**.

Por suas características específicas, pode-se concluir que um plano de perfil só admite os seguintes tipos de reta

I) retas de perfil;

II) retas verticais;

III) retas de topo;

A figura 63-a mostra, no espaço, um plano de perfil (α), bem como as retas (p), de perfil, (v), vertical e (t), de topo e do ponto (M) de interseção dessas retas. As respectivas projeções são também mostradas.

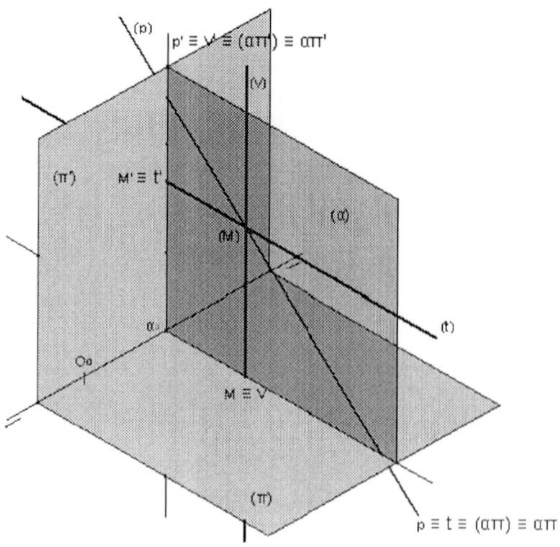

Figura 63-a

Os traços de um plano de perfil pertencem a uma mesma reta perpendicular à linha de terra porque todos os pontos isolados ou que pertencem a reta ou figuras planas que lhe pertencem têm a mesma abcissa.

Assim, para uma figura plana (f), caracterizada pelos pontos (A), (B)... (N), teremos:

I) A'B'... N' ≡ f'

II) AB. N ≡ f

A figura 63-b mostra a representação espacial de um triângulo (ABC) pertencente a um plano de perfil.

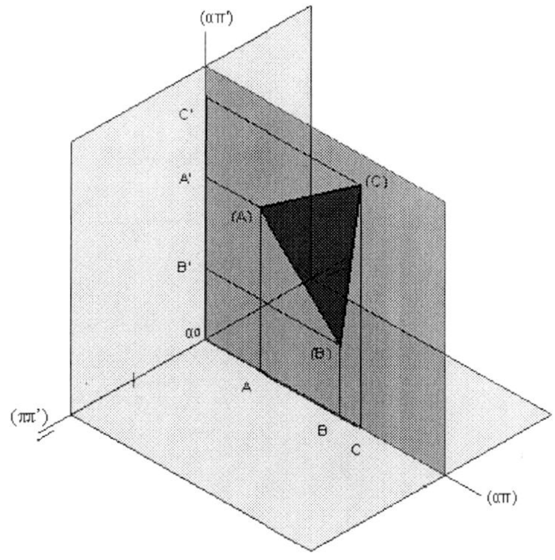

Figura 63-b

A figura 63-c mostra a épura correspondente.

Tal como ocorre com figuras em plano verticais e de topo, a épura de uma figura pertencente a um plano de topo não permite, de um modo geral, saber se o triângulo (ABC) é equilátero, isósceles ou escaleno.

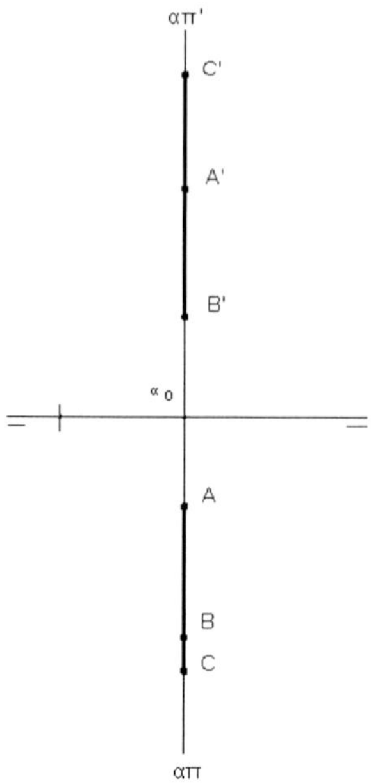

Figura 63-c

4.6) Figura Oblíqua a (π) e (π')

Se uma figura (f) é oblíqua aos dois planos de projeção, ou seja, oblíqua simultaneamente a (π) e a (π'), suas projeções são figuras distintas, da mesma natureza da figura objetiva e **não representam sua verdadeira grandeza**. Neste caso, o plano que contém a figura pode estar nas seguintes posições:

I) passa pela linha de terra;

II) paralelo à linha de terra;

III) oblíquo à linha de terra;

Em cada uma destas situações, devem ser considerados os seguintes aspectos:

I. **Plano que Passa pela Linha de Terra.**

Os traços de um plano que **passa pela linha de terra** coincidem com a própria linha de terra. Logo, todas as retas que pertencem a um plano nesta posição interceptam a linha de terra fazendo (V) ≡ (H).

Todos os pontos deste plano têm cota e afastamento obedecendo a uma razão constante. Assim, se (M), (N) e (P) pertencem a um plano que passa pela linha de terra, teremos obrigatoriamente:

y(M) / z(M) = y(N) / z(N) = y(P) / z(P) = k

k é a constante que caracteriza o plano.

Por suas características específicas, pode-se concluir que um plano que passa pela linha de terra só admite tipos de reta cujos respectivos traços se interceptem na linha de terra, ou seja:

I. retas de perfil;

II. retas quaisquer;

III. retas fronto-horizontais[1].

A figura 64-a mostra um plano (α) que passa pela linha de terra, bem como as retas (q), qualquer, (r), fronto-horizontal e (p), de perfil e um ponto cujas projeções caracterizam o plano pela razão k. As respectivas projeções também são mostradas.

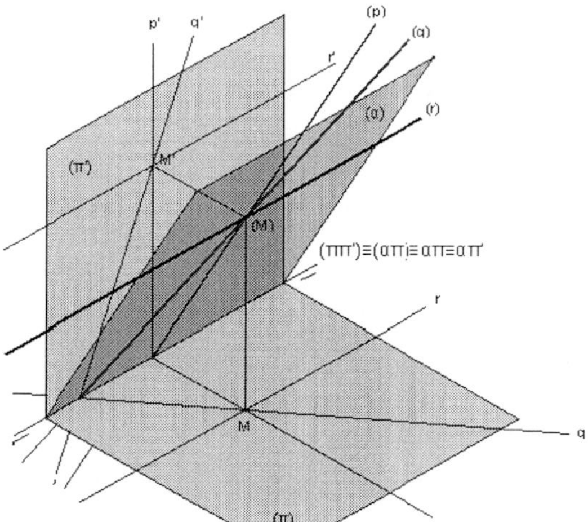

Figura 64-a

1 As retas fronto-horizontais, assim como suas projeções, são paralelas à linha de terra e, por isso, considera-se que interceptam (ππ') num ponto impróprio.

A figura 64-b mostra a representação espacial de um triângulo (ABC) pertencente a um plano (α) que passa pela linha de terra.

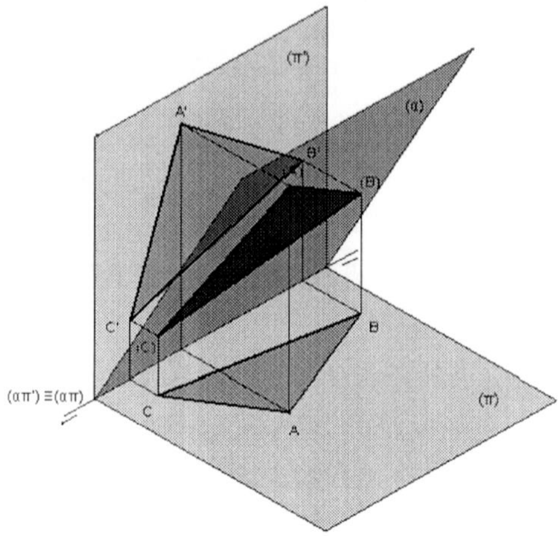

Figura 64-b

A figura 64-c representa a épura do triângulo (ABC), mostrando, também, as retas (r) e (s), suportes, respectivamente, dos lados (AB) e (AC). Como (ABC) pertence a um plano que passa pela linha de terra, os prolongamentos de suas projeções se interceptam nesta linha.

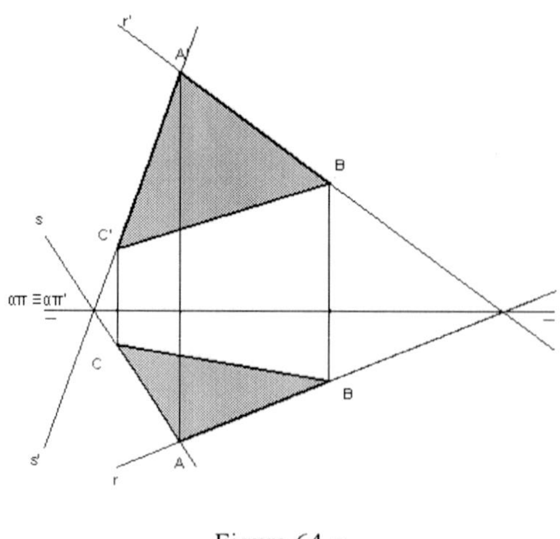

Figura 64-c

II. **Plano Paralelo à Linha de Terra** ou **Plano em Rampa.**

Para que um plano seja paralelo a uma reta, basta que apenas uma reta do plano seja paralela àquela reta. Ao considerarmos, por exemplo, que o traço horizontal de um plano é uma reta horizontal de cota nula, se esse traço for paralelo à linha de terra, o traço, na verdade é uma reta fronto-horizontal de cota nula. Como todas as retas fronto-horizontais de um plano devem ser obrigatoriamente paralelas, conclui-se que o traço vertical do plano, será uma fronto-horizontal de afastamento nulo.
Logo, os traços de um plano paralelo à linha de terra (ou em rampa) são paralelos à linha de terra. Assim, no caso de um plano (α), teremos:

(απ') // (απ) // (ππ')

Por suas características específicas, pode-se concluir que um plano paralelo à linha de terra só admite os seguintes tipos de reta:

I. retas de perfil;
II. retas quaisquer;
III. retas fronto-horizontais[2].

A figura 65-a mostra um plano (α) que passa pela linha de terra, bem como as retas (p), perfil, (q), qualquer e (r), fronto-horizontal e um ponto (M) cuja razão k, entre suas projeções, nesse caso, **não caracteriza o plano**. As respectivas projeções são também mostradas.

2 As retas fronto-horizontais, assim como suas projeções, são paralelas à linha de terra e, por isso, considera-se que interceptam (ππ') num ponto impróprio.

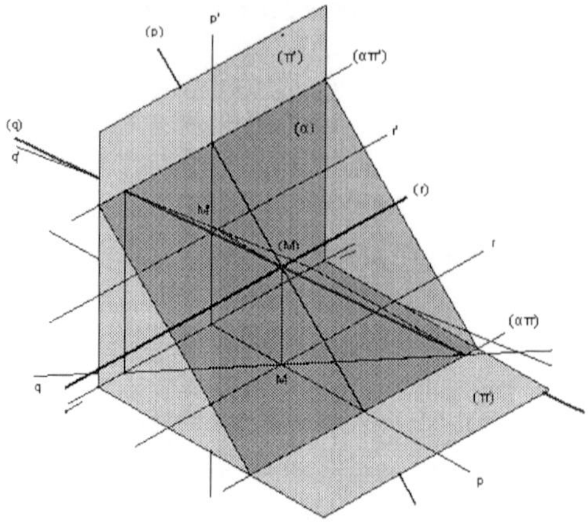

Figura 65-a

A figura 65-b mostra a representação espacial de um triângulo (ABC) pertencente a um plano em rampa (α).

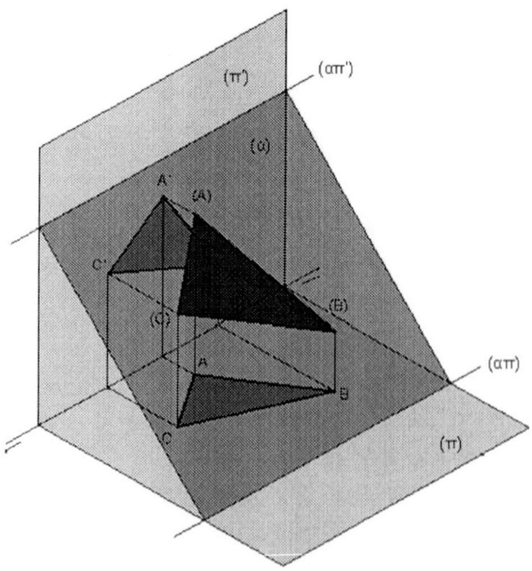

Figura 65-b

Na figura 65-c é mostrada a épura do triângulo (ABC) que, por si só, é insuficiente para saber se o plano que o contém é, de fato, um plano paralelo à linha de terra ou um plano qualquer Vejamos como fazer:

A reta (r) é suporte do lado (AB).
Traçando-se um segmento de reta paralelo à linha de terra passando por B', construímos s', projeção vertical de uma reta (s) paralela a (π). Prolongando r' até interceptar s', determina-se o ponto M'.
A projeção horizontal de (M), interseção de (r) com (s), ou seja, M é encontrada na linha de chamada traçada de M' até encontrar o prolongamento de r, prolongamento da projeção horizontal de (r).
Quando unimos M a B, obtemos a projeção horizontal de (s) e verificamos que se trata de uma reta também paralela à linha de terra, ou seja, a reta (s) é uma fronto-horizontal do plano (α), o que comprova que esse plano é do tipo rampa ou paralelo à linha de terra.
A determinação dos traços do plano, quando necessário, é feita construindo os traços de uma só reta do plano, já que tais traços são paralelos à linha de terra. Nesse caso, obtivemos os traços da própria reta (r).
É importante observar que o triângulo (AMB), também pertencente ao plano (α), tem o lado (MB) em verdadeira grandeza, mas o triângulo, como figura plana, **não se projeta em verdadeira grandeza**, nem em (π) e nem em (π').

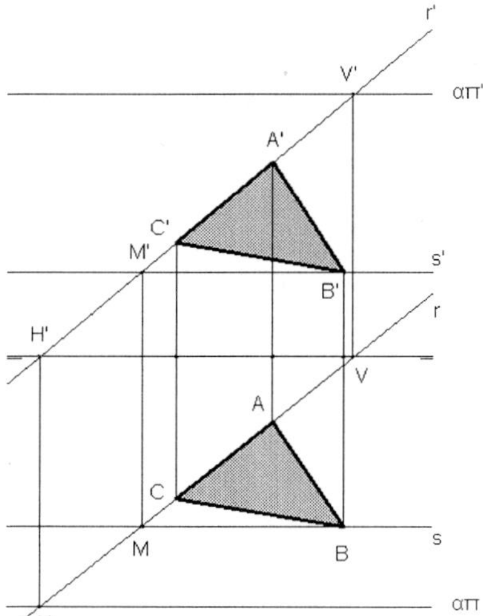

Figura 65-c

IV. Plano Oblíquo à Linha de Terra.

Um plano oblíquo aos dois planos de projeção e à linha de terra é chamado **plano qualquer** ou **plano genérico.**.

Por suas características específicas, pode-se concluir que um plano qualquer só admite tipos de reta que não sejam perpendiculares aos planos de projeção (verticais e de topo) ou retas paralelas a ambos (fronto-horizontais). Assim sendo, um plano qualquer admite:

I. retas quaisquer;

II. retas horizontais;

III. retas frontais;

IV. retas de perfil.

Os traços de um plano qualquer são oblíquos à linha de terra.

A figura 66-a mostra um plano qualquer (α), bem como as retas (q), qualquer, (h), horizontal, (f), frontal e (p), perfil e um ponto (M) de interseção entre elas. As respectivas projeções são também mostradas.

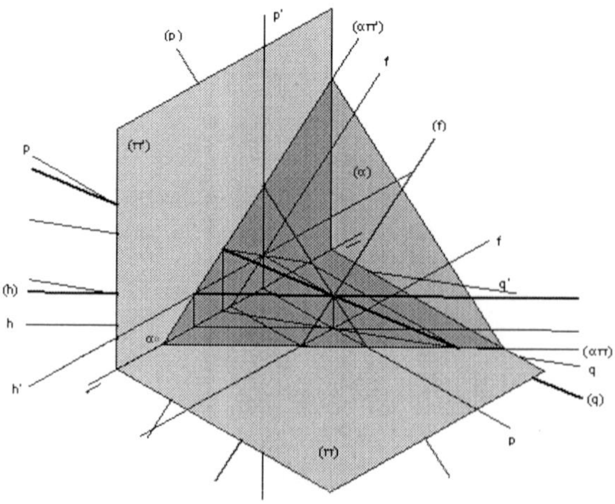

Figura 66-a

A figura 66-b mostra a representação no espaço de um triângulo (ABC) pertencente a um plano qualquer.

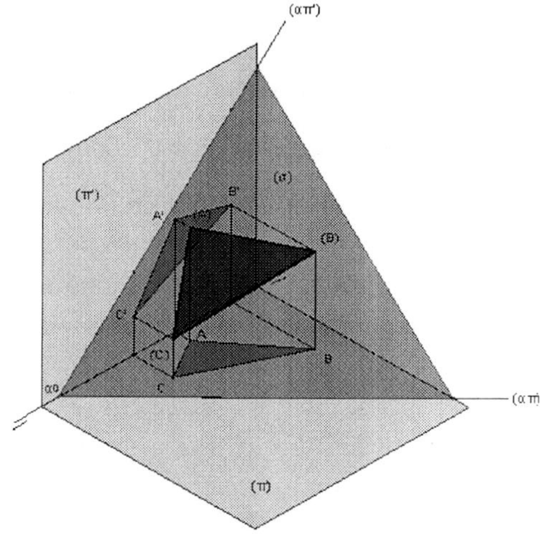

Figura 66-b

Na figura 66-c está representada a épura do triângulo (ABC).

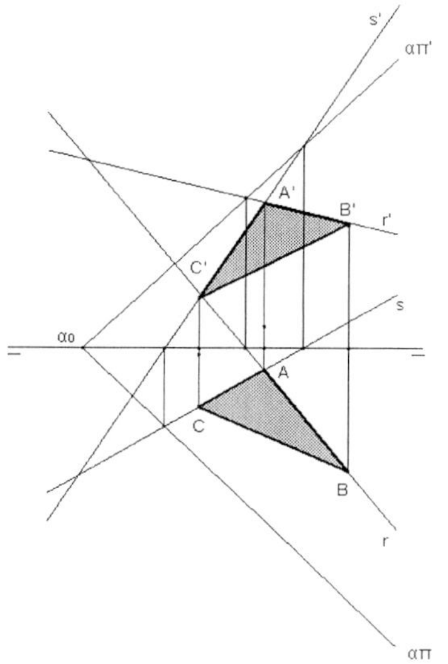

Figura 66-c

A simples observação das características das respectivas projeções de seus lados permite-nos afirmar que a figura objetiva é um triângulo cujo plano ao qual pertence é um plano qualquer. Para tanto, basta observar que as retas-suporte de (AB), de (BC) e de (AC) são oblíquas à linha de terra, ou seja, uma figura pertencente a um plano qualquer (ou genérico), **não se projeta em verdadeira grandeza**, nem em (π) e nem em (π').

Nessas condições é impossível afirmar, pela simples observação de suas projeções, se o triângulo (ABC) é retângulo, isósceles, equilátero ou escaleno.

A determinação dos traços do plano, quando necessário, é feita construindo os traços de duas retas do plano. Nesse caso, obtivemos os traços da reta (r), suporte do lado (AB) e da reta (s), suporte do lado (AC).

Capítulo 5

Verdadeira Grandeza de Figuras Planas

5.1) Verdadeira Grandeza (VG) de Figuras em Geral

Conhecer e manipular a verdadeira grandeza (VG) dos elementos geométricos que constituem uma figura dada por suas projeções ortogonais é uma das finalidades da Geometria Descritiva.

Se a figura é plana, ou seja, se todos os seus pontos são coplanares, basta que, através de procedimentos geométricos (alguns já vistos anteriormente), façamos com que a figura fique paralela ou passe a pertencer a um plano de projeção. Assim procedendo, será possível conhecer sua verdadeira grandeza (VG).

Se a figura é espacial, ou seja, se ocupa um espaço tridimensional, os procedimentos da Geometria Descritiva só permitem visualizar a verdadeira grandeza das porções planas da figura ou dos elementos geométricos suficientes para defini-la. Entende-se como tais as arestas e polígonos das bases e faces de poliedros em geral, raios dos círculos das bases e geratrizes de cones e cilindros, raios e círculos notáveis de esferas, eixos de cônicas de revolução, etc.

5.2) Verdadeira Grandeza (VG) de Figuras Planas

É importante ressaltar que:

Se uma figura plana é paralela a um plano de projeção, sua projeção ortogonal nesse plano está em verdadeira grandeza (VG).

Caso contrário, de modo semelhante ao que foi visto para os segmentos de reta, três situações podem ocorrer:

I) O plano da figura é perpendicular aos dois planos de projeção;

II) O plano da figura é perpendicular a um dos planos de projeção e oblíquo ao outro;

III) O plano da figura é oblíquo aos dois planos de projeção.

Nos dois primeiros casos podemos adotar diretamente os procedimentos seguintes, já utilizados para determinar a VG de segmentos:

I. Utilizar o método das **Rotações**, criando um eixo pertencente ao plano da figura e fazer com que a figura gire em torno desse eixo até que seu plano fique paralelo ou passe a pertencer a um dos planos de projeção. Se a figura for perpendicular a um dos planos de projeção, o eixo de rotação também o será.

II. Proceder a uma **Mudança de Plano de Projeção** construindo um novo sistema de projeções ortogonais através da criação de um terceiro plano de projeção, paralelo ao plano da figura e perpendicular ao outro.

Como alternativas, podemos adotar, também, os seguintes procedimentos, principalmente quando o plano da figura é oblíquo aos dois planos de projeção:

III. Se for possível identificar o plano da figura através dos seus traços, existe um procedimento que, na verdade, é um caso particular do método das rotações. Nesse caso, o eixo de rotação será um dos traços do plano da figura que, após o giro, coincide com o plano de projeção cujo traço foi adotado como eixo. Este método é chamado **Rebatimento.**

IV. Pode-se ainda utilizar a **Rotação** em torno de um eixo pertencente ao plano da figura e paralelo a um dos planos de projeção. Para se obter a VG da figura ou trabalhar com algum de seus elementos, bastará girar a figura em torno desse eixo até que seu plano fique paralelo ao plano de projeção, como será visto mais adiante.

5.3) VG de Figuras em Planos de Perfil

5.3.1) Rotação em Torno de Eixo Vertical

A figura 67-a mostra a visão espacial de um triângulo (ABC) pertencente a um plano de perfil (α) e um eixo (e), vertical passado pelo vértice (A), em torno do qual a figura vai girar até ficar paralela ao plano (π').

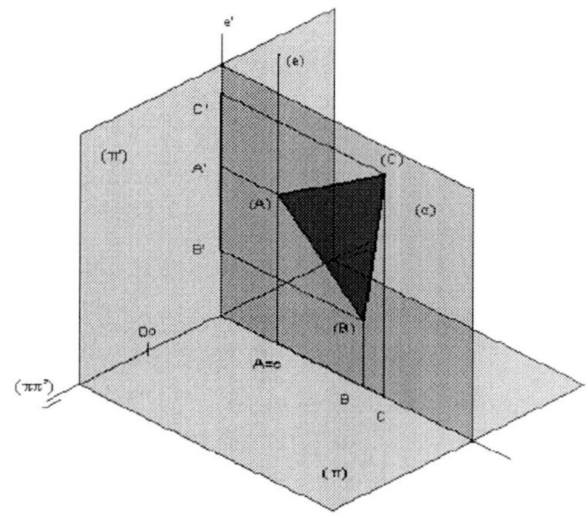

Figura 67-a

A figura 67-b mostra a épura correspondente e a VG do triângulo (ABC) obtida da seguinte maneira:

I. Como (e) passa por (A), teremos:
   $(A) \equiv (A_1) \rightarrow A' \equiv A'_1, A \equiv A_1$

II. Por $A \equiv A_1$ traçamos uma paralela à linha de terra;

III. Com centro em $A \equiv A_1 \equiv e$, raios iguais a AB e a AC, traçamos arcos de círculo até cortarem a paralela traçada, determinando os pontos B_1 e C_1;

IV. As semirretas A_1B_1 e A_1C_1) pertencem ao lugar geométrico das projeções de horizontais de todos os pontos de (ABC) após o giro. Marcam-se então os vértices C_1 e B_1;

V. Como numa rotação de eixo vertical, durante o giro as cotas não se alteram, por B_1 e C_1 levantamos linhas de chamada;

VI. Semirretas paralelas traçadas de B' e C' determinarão nessas linhas de chamadas os pontos B'_1 e C'_1.

O triângulo $(A_1B_1C_1)$ é a VG do triângulo (ABC).

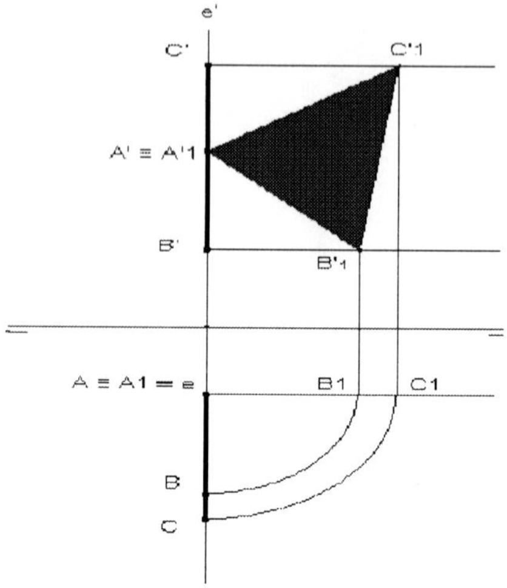

Figura 67-b

5.3.2) Rotação em Torno de Eixo de Topo

A figura 68-a mostra a visão espacial de um triângulo (ABC) pertencente a um plano de perfil (α) e um eixo (e), de topo passado pelo vértice (B), em torno do qual a figura vai girar até ficar paralela ao plano (π).

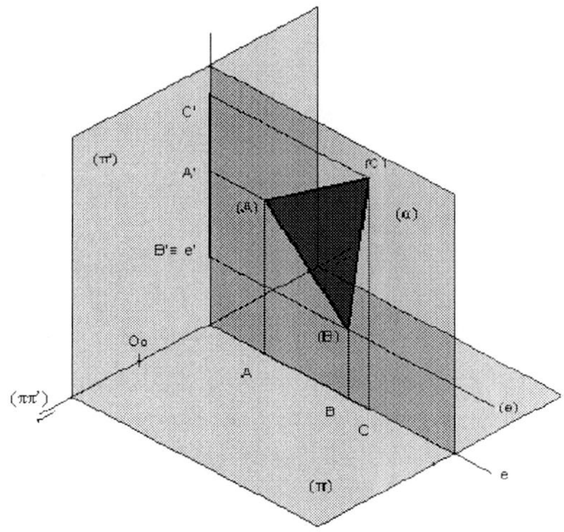

Figura 68-a

A figura 68-b mostra a épura correspondente e a VG do triângulo (ABC) obtida da seguinte maneira:

VII. Como (e) passa por (B), teremos:

$(B) \equiv (B_1) \rightarrow B' \equiv B'_1, B \equiv A_1$

VIII. Por $B' \equiv B'_1 \equiv e'$ traçamos uma paralela à linha de terra;

IX. Com centro em $A' \equiv A'_1 \equiv e'$ e raios iguais a A'B' e A'C', traçamos arcos de círculo até cortarem a paralela traçada, determinando os ponto B'_1 e C'_1;

X. As semirretas $A'_1B'_1$ e $A'_1C'_1$ pertencem ao lugar geométrico das projeções verticais de todos os pontos de (ABC) após o giro. Marcam-se então os vértices C'_1 e B'_1;

XI. Como numa rotação de eixo de topo, durante o giro os afastamentos não se alteram, por B'_1 e C'_1 descemos linhas de chamada;

XII. Semirretas paralelas traçadas de B e C determinarão nessas linhas de chamadas os pontos B_1 e C_1.

O triângulo ($A'_1B'_1C'_1$) é a VG do triângulo (ABC).

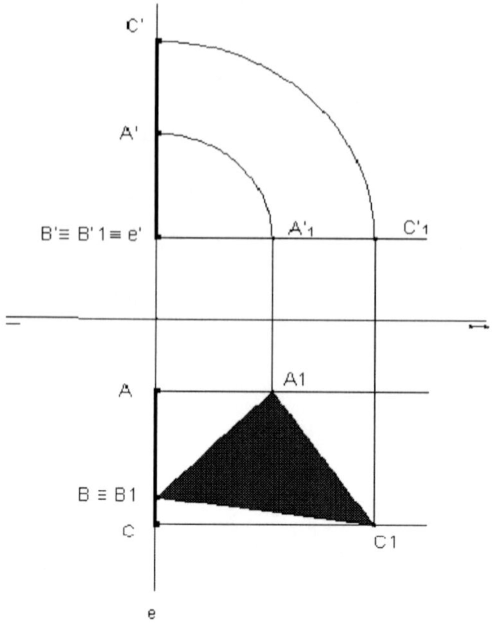

Figura 68-b

5.3.3) Rebatimento em Torno do Traço Vertical

A figura 69-a mostra a visão espacial de um triângulo (ABC) pertencente a um plano de perfil (α) e um eixo (e), coincidente com o traço vertical do plano, em torno do qual a figura vai girar até pertencer ao plano (π').

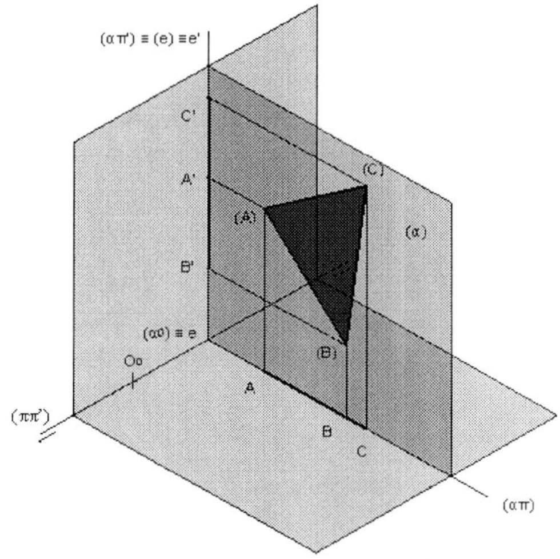

Figura 69-a

A figura 69-b mostra a épura correspondente.

Como o eixo é (απ'), as rotações de A, B e C, respectivas projeções horizontais dos pontos (A), (B) e (C), se farão em torno de α_0 gerando arcos de círculo que, ao cortar a linha de terra, determinarão a nova posição de (απ) coincidente com a linha de terra sobre a qual estarão A_1, B_1 e C_1. Após a rotação, a superfície de (α) coincidirá com a de (π'), os afastamentos ficarão nulos e as cotas não serão alteradas.

Assim, traçamos novas linhas de chamadas por A_1, B_1 e C_1, perpendiculares à linha de terra. Por A', B' e C' traçamos paralelas à linha de terra até encontrar as linhas de terra, determinando A'_1, B'_1 e C'_1.

O triângulo ($A'_1B'_1$ C'_1) é a VG do triângulo (ABC).

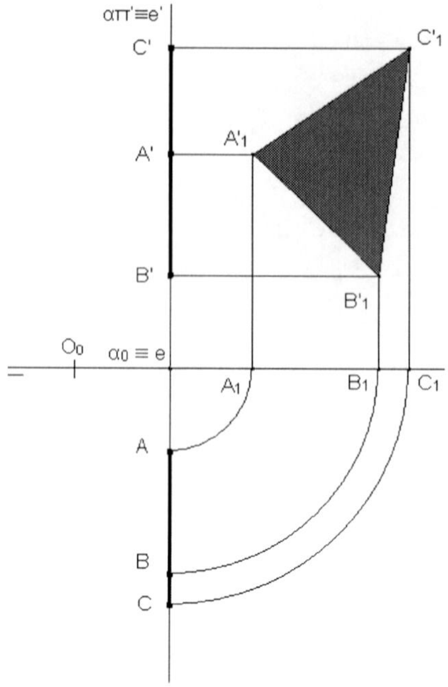

Figura 69-b

5.3.4) Rebatimento em Torno do Traço Horizontal

A figura70-a mostra a visão espacial de um triângulo (ABC) pertencente a um plano de perfil (α) e um eixo (e), coincidente com o traço horizontal do plano, em torno do qual a figura vai girar até pertencer ao plano (π).

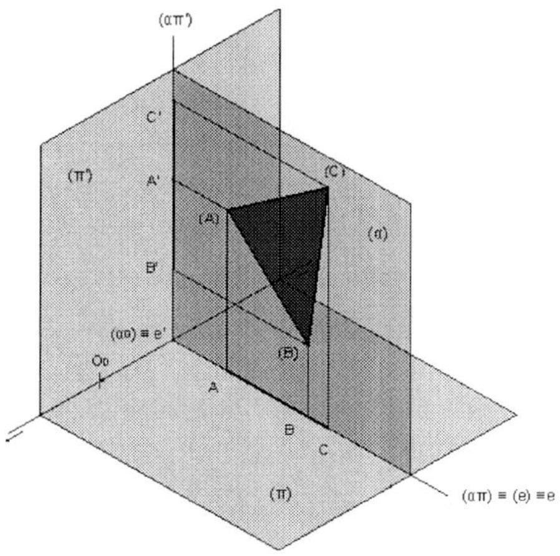

Figura 70-a

A figura 70-b mostra a épura correspondente.

Como o eixo é (απ), as rotações de A', B' e C', respectivas projeções verticais dos pontos (A), (B) e (C) se farão, também, em torno de α_0 gerando arcos de círculo que, ao cortar a linha de terra determinarão a nova posição de (απ') coincidente com a linha de terra sobre a qual estarão A'_1, B'_1 e C'_1. Após a rotação, a superfície de (α) coincidiu com a de (π), as cotas ficaram nulas e os afastamentos não se alteraram.

Assim, traçamos novas linhas de chamadas por A'_1, B'_1 e C'_1, perpendiculares à linha de terra. Por A, B e C traçamos paralelas à linha de terra até encontrar as linhas de terra, determinando A_1, B_1 e C_1.

O triângulo (A_1B_1 C_1) é a VG do triângulo (ABC).

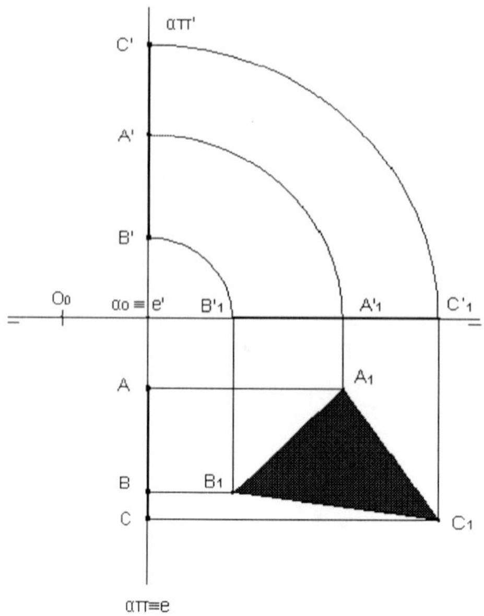

Figura 70-b

5.3.5) Mudança de Plano Vertical

A figura 71-a mostra a visão espacial de um triângulo (ABC) pertencente a um plano de perfil (α) e um plano vertical de projeções (π'_1), paralelo a (ABC) e, obviamente, perpendicular a (π) e a (π'). Como vamos fazer uma mudança de plano vertical, o novo sistema de projeções será constituído pelo plano horizontal (π), que não se altera, e (π'_1), plano vertical desse novo sistema, cuja linha e terra é ($\pi\pi'_1$).

Cabe lembrar, mais uma vez, que:

A distância entre o plano da figura e o novo plano de projeção é inteiramente arbitrária, podendo inclusive ser nula, ou seja, podem ser coincidentes.

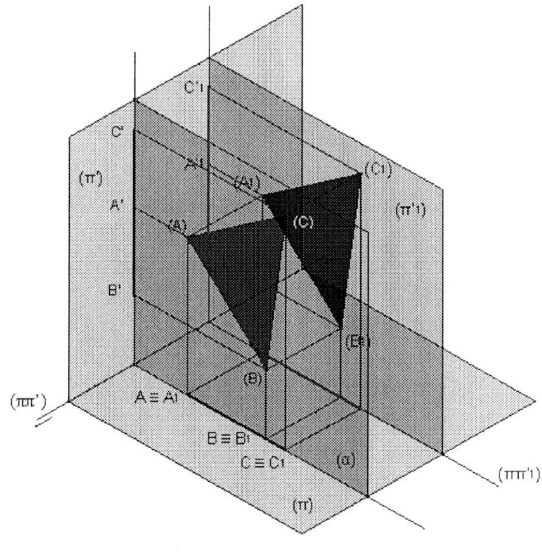

Figura 71-a

A figura 71-b mostra a épura correspondente.

Inicialmente, traçamos a linha de terra do novo sistema, paralela a ABC.

Como o plano horizontal de projeção é o mesmo para os dois sistemas, teremos:

$A \equiv A_1$, $B \equiv B_1$ e $C \equiv C_1$

Então, por A_1, B_1 e C_1 traçamos novas linhas de chamada perpendiculares à nova linha de terra.

Como numa mudança de plano de plano vertical as cotas no novo sistema são iguais as do sistema primitivo, basta transferir as respectivas cotas do sistema original para o novo, ou seja:

$z(A) = z(A_1)$
$z(B) = z(B_1)$
$z(C) = z(C_1)$

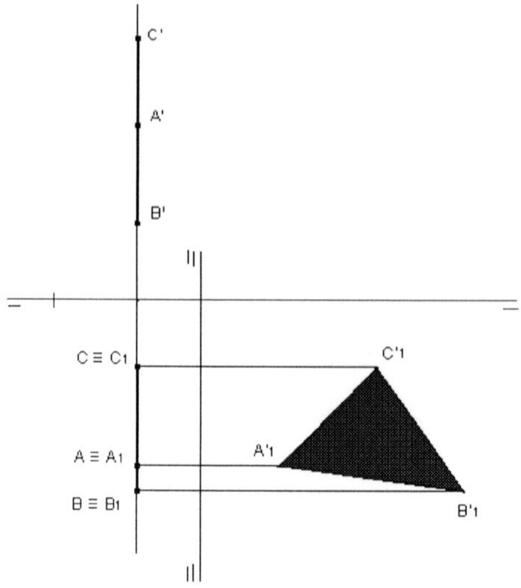

Figura 71-b

5.3.6) Mudança de Plano Horizontal

A visão espacial mostrada na figura 72-a é bem semelhante e valem aqui as mesmas observações. Agora, o plano vertical de projeção (π') é mantido e (π_1) é o plano horizontal de projeção do novo sistema, cuja linha de terra ($\pi_1\pi'$).

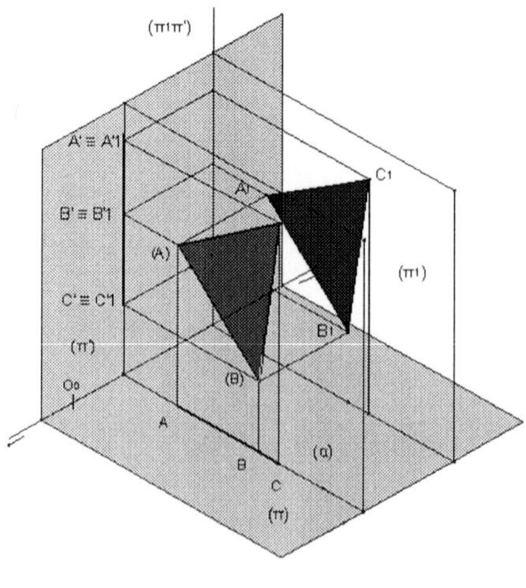

Figura 72-a

A figura 72-b mostra a épura correspondente.

Inicialmente, traçamos a linha de terra do novo sistema, paralela à A'B'C'.

Como o plano vertical de projeção é o mesmo para os dois sistemas, teremos:

$A' \equiv A'_1$, $B' \equiv B'_1$ e $C' \equiv C'_1$

Então, por A'_1, B'_1 e C'_1 traçamos novas linhas de chamada perpendiculares à nova linha de terra.

Como numa mudança de plano de plano horizontal os afastamentos no novo sistema são iguais aos do sistema primitivo, basta transferir os respectivos afastamentos do sistema original para o novo, ou seja:

$y(A) = y(A_1)$
$y(B) = y(B_1)$
$y(C) = y(C_1)$

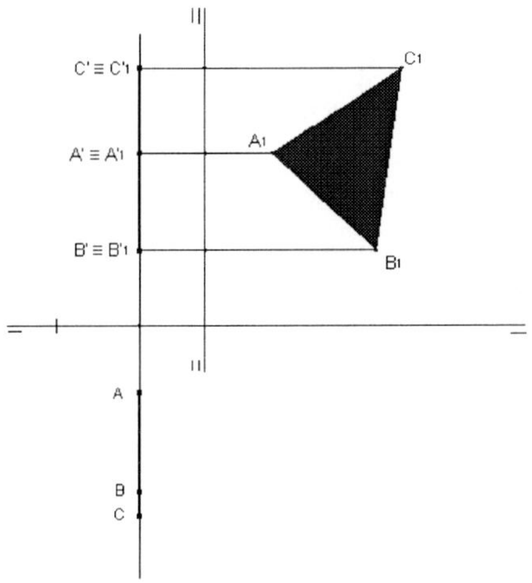

Figura 72-b

5.4) VG de Figuras em Planos Verticais

5.4.1) Rotação em Torno de Eixo Vertical

A figura 73-a mostra a épura de um triângulo (ABC) pertencente a um plano vertical (α), as projeções do eixo de topo (e), usado como eixo de rotação e a VG do triângulo.

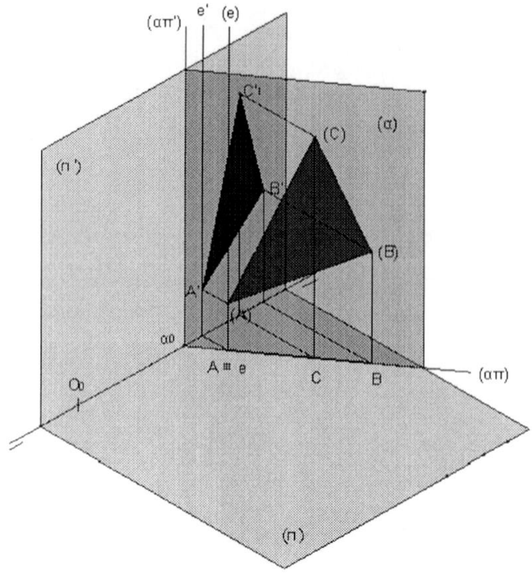

Figura 73-a

Para obtenção da épura correspondente, mostrada na figura 73-b, os procedimentos geométricos foram absolutamente semelhantes aos utilizados para figuras no plano de perfil, vistos em **5.3.3**.

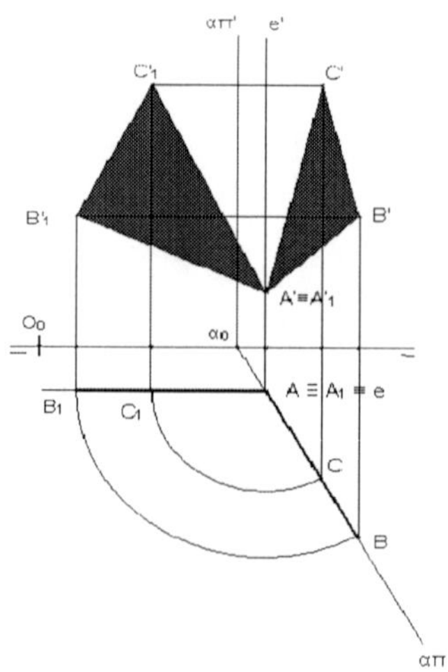

Figura 73-b

5.4.2) Rebatimento em Torno do Traço Vertical

A figura 74-a mostra a visão espacial de um triângulo (ABC) pertencente a um plano vertical (α) e um eixo (e), coincidente com o traço vertical do plano, em torno do qual a figura vai girar até pertencer ao plano (π').

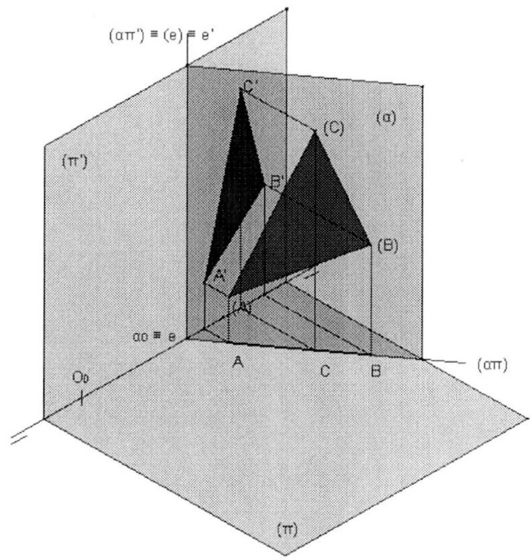

Figura 74-a

A figura 74-b mostra a épura correspondente.

Como o eixo é (απ'), as rotações de A, B e C, respectivas projeções horizontais dos pontos (A), (B) e (C), se farão em torno de α_0 gerando arcos de círculo que, ao cortar a linha de terra determinarão a nova posição de (απ) coincidente com a linha de terra sobre a qual estarão A_1, B_1 e C_1. Após a rotação, a superfície de (α) coincidirá com a de (π'), os afastamentos ficarão nulos e as cotas não serão alteradas.

Assim, traçamos novas linhas de chamadas por A_1, B_1 e C_1, perpendiculares à linha de terra. Por A', B' e C' traçamos paralelas à linha de terra até encontrar as linhas de terra, determinando A'_1, B'_1 e C'_1.

O triângulo ($A'_1B'_1$ C'_1) é a VG do triângulo (ABC).

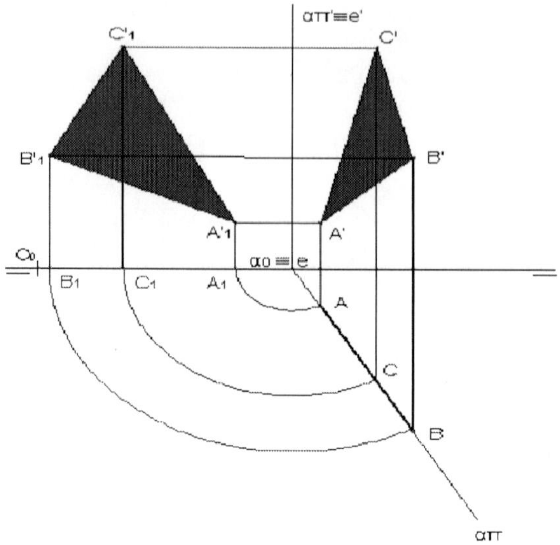

Figura 74-b

5.4.3) Mudança de Plano Vertical

A figura 75-a mostra a visão espacial de um triângulo (ABC) pertencente a um plano vertical (α) e um plano vertical de projeções (π'_1), paralelo a (ABC) e, obviamente, perpendicular a (π) e a (π'). Como vamos fazer uma mudança de plano vertical, o novo sistema de projeções será constituído pelo plano horizontal (π), que não se altera, e (π'_1), plano vertical desse novo sistema, cuja linha e terra é ($\pi\pi'_1$).

Nesse caso, vale lembrar, também, que:

A distância entre o plano da figura e o novo plano de projeção é inteiramente arbitrária, podendo inclusive ser nula, ou seja, podem ser coincidentes.

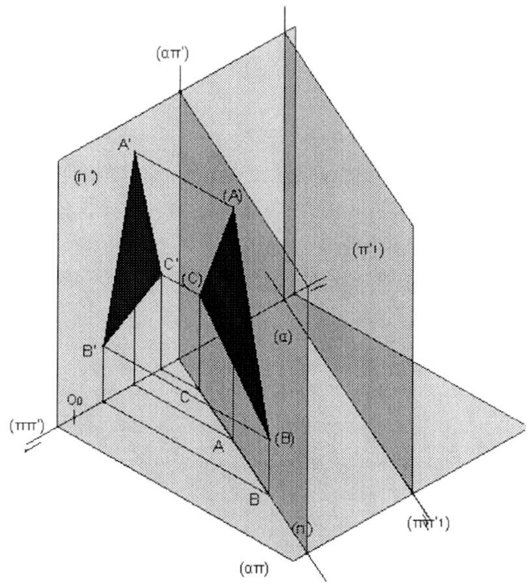

Figura 75-a

A figura 75-b mostra a épura correspondente.

Inicialmente, traçamos a linha de terra do novo sistema, paralela a ABC.

Como o plano horizontal de projeção é o mesmo para os dois sistemas, teremos:

$A \equiv A_1$, $B \equiv B_1$ e $C \equiv C_1$

Então, por A_1, B_1 e C_1 traçamos novas linhas de chamada perpendiculares à nova linha de terra.

Como numa mudança de plano vertical as cotas no novo sistema são iguais as do sistema primitivo, basta transferir as respectivas cotas do sistema original para o novo, ou seja:

$z(A) = z(A_1)$

$z(B) = z(B_1)$

$z(C) = z(C_1)$

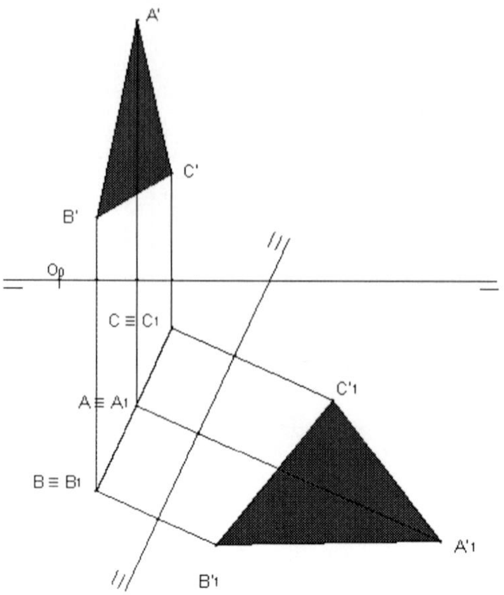

Figura 75-b

5.5) VG de Figuras em Planos de Topo

5.5.1) Rotação em Torno de Eixo de Topo

A figura 76-a mostra a representação espacial de um triângulo (ABC) pertencente a um plano de topo (α), as projeções do eixo de topo (e), usado como eixo de rotação.

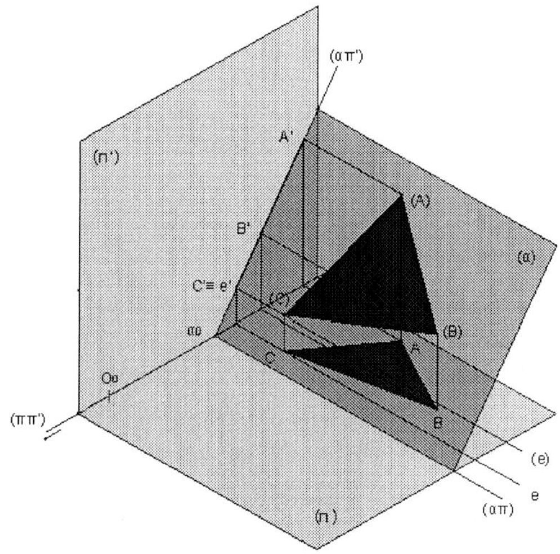

Figura 76-a

Para construir a épura correspondente, mostrada na figura 76-b, os procedimentos geométricos foram absolutamente semelhantes aos utilizados para figuras no plano de perfil, vistos em **5.3.2.**

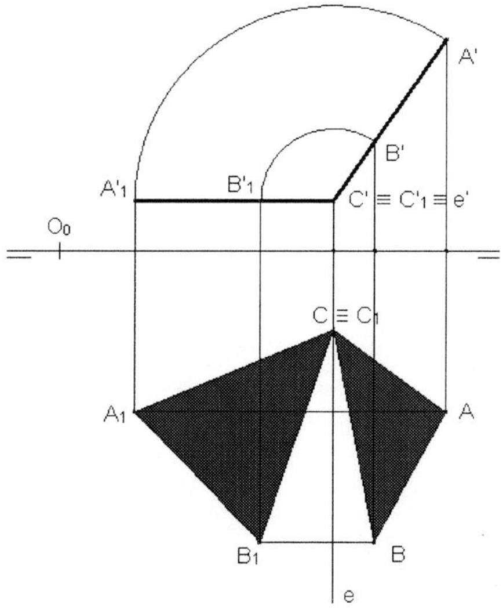

Figura 76-b

5.5.2) Rebatimento em Torno do Traço Horizontal

A figura77-a mostra a visão espacial de um triângulo (ABC) pertencente a um plano de topo (α) e um eixo (e), coincidente com o traço horizontal do plano, em torno do qual a figura vai girar até pertencer ao plano (π).

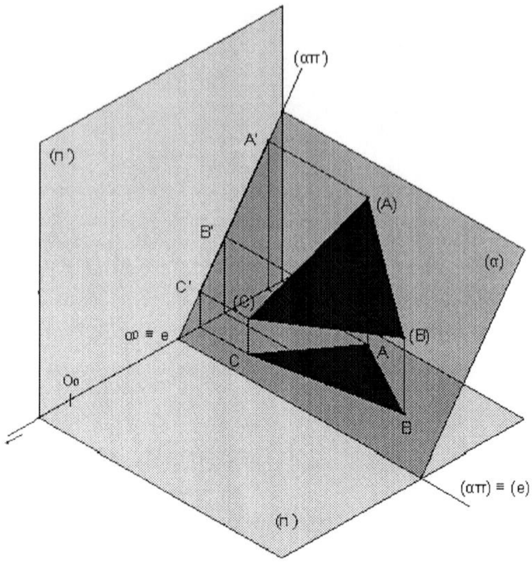

Figura 77-a

A figura 77-b mostra a épura correspondente.

Como o eixo é (απ), as rotações de A', B' e C', respectivas projeções verticais dos pontos (A), (B) e (C) se farão, também, em torno de α_0 gerando arcos de círculo que, ao cortar a linha de terra determinarão a nova posição de (απ') coincidente com a linha de terra sobre a qual estarão A'_1, B'_1 e C'_1. Após a rotação, a superfície de (α) coincidirá com a de (π), as cotas ficarão nulas e os afastamentos não serão alterados.

Assim, traçamos novas linhas de chamadas por A'_1, B'_1 e C'_1, perpendiculares à linha de terra. Por A, B e C traçamos paralelas à linha de terra até encontrar as linhas de terra, determinando A_1, B_1 e C_1.

O triângulo A_1B_1 C_1 é a VG do triângulo (ABC).

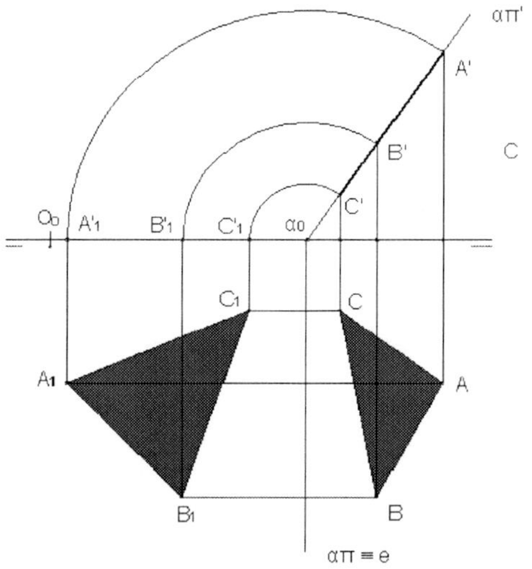

Figura 77-b

5.5.3) Mudança de Plano Horizontal

A visão espacial mostrada na figura 78-a mostra um triângulo (ABC) pertencente a um plano de topo (α). Agora, o plano vertical de projeção (π') é mantido e (π_1) é o plano horizontal de projeção do novo sistema, cuja linha de terra é ($\pi_1\pi$').

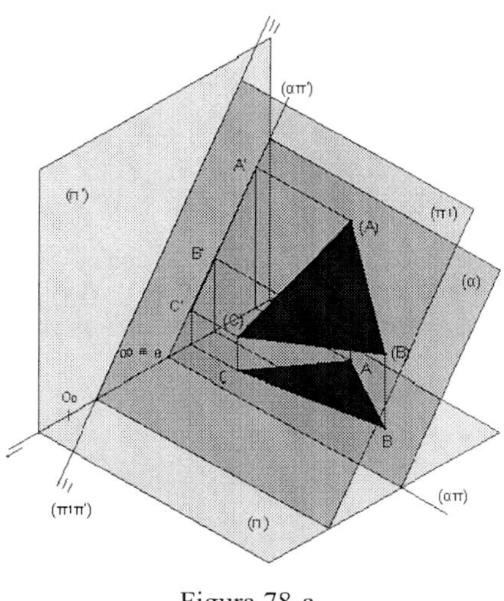

Figura 78-a

A figura 78-b mostra a épura correspondente.

Inicialmente, traçamos a linha de terra do novo sistema, paralela a A'B'C'.

Como o plano vertical de projeção é o mesmo para os dois sistemas, teremos:

$A' \equiv A'_1$, $B' \equiv B'_1$ e $C' \equiv C'_1$

Então, por A'_1, B'_1 e C'_1 traçamos novas linhas de chamada perpendiculares à nova linha de terra.

Como numa mudança de plano de plano horizontal os afastamentos no novo sistema são iguais aos do sistema primitivo, basta transferir os respectivos afastamentos do sistema original para o novo, ou seja:

$y(A) = y(A_1)$

$y(B) = y(B_1)$

$y(C) = y(C_1)$

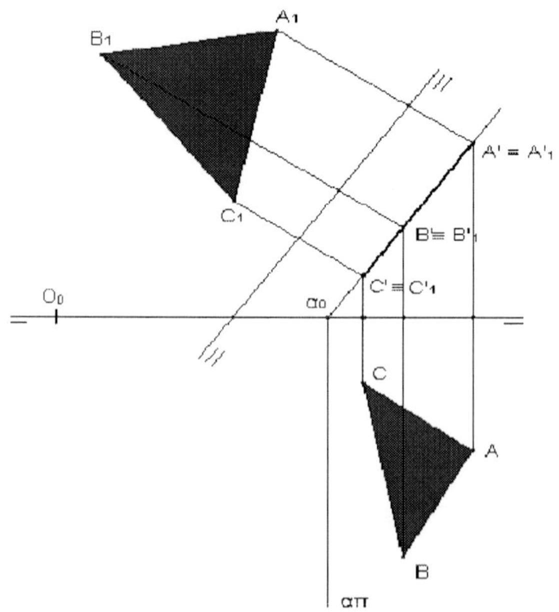

Figura 78-b

5.6) VG de Figuras em Planos Oblíquos à Linha de Terra

Face à peculiaridade de serem perpendiculares a um dos (ou aos dois) planos de projeção, os planos horizontais (ou de nível), frontais (ou de frente), de perfil, verticais e de topo são classificados como **planos projetantes** porque concentram em, pelo menos, num de seus traços (ou nos dois), as projeções de todas as figuras que lhes pertençam. Por esse motivo, a verdadeira grandeza de quaisquer dessas figuras, de qualquer um deles, pode ser obtida imediatamente por rotações, rebatimentos ou mudanças de planos de projeção.

Quando uma figura pertence a um plano oblíquo aos dois planos de projeção, as rotações em torno de eixos perpendiculares a um deles não pode ser feita. A rotação da figura, nesse caso, deverá ser feita em torno de um eixo paralelo a um dos planos de projeção, até que o plano que contém a figura fique paralelo ao plano de projeção escolhido.

Se os traços do plano que contém a figura forem facilmente determináveis, no caso do plano qualquer, o ponto comum dos traços estiver nos limites da épura, o método dos rebatimentos poderá ser utilizado, embora envolva várias operações geométricas e, portanto, muitas linhas de construção.

Outra possibilidade é fazer duas mudanças de plano de projeção sucessivas, sendo a primeira, por um novo plano de projeção perpendicular ao plano da figura. Assim, nesse novo sistema, a figura pertencerá a um plano que será tratado como vertical ou de topo. Uma segunda mudança de plano resolverá o problema.

Nas vistas ortográficas utilizadas no Desenho Técnico, as figuras que representam os elementos de peças, máquinas, equipamentos e elementos construtivos são identificadas por suas dimensões e não por coordenadas descritivas. Logo, a linha de terra é dispensada. O método dos rebatimentos e o das mudanças de plano de projeção exige a existência de linha de terra. No caso de rebatimentos, sem conhecer os traços do plano, a aplicação do método é impossível. No caso de mudança de plano de projeção, sua construção como elemento geométrico auxiliar é simples e facilita a obtenção das VG das figuras.

Assim sendo, no caso de figuras contidas em planos oblíquos aos planos de projeção, a determinação das suas reais dimensões (VG) será limitada a mudanças de planos de projeção. Como foi dito acima, nesses casos são necessárias duas mudanças de plano. Se a primeira mudança for de plano horizontal de projeção, na segunda mudança, o plano da figura será tratado como um plano vertical, que possibilitará obter a VG da figura conforme procedimentos já estudados. Se a primeira mudança for de plano vertical, na segunda mudança, o plano da figura será tratado como um plano de topo e a VG da figura também será obtida por procedimentos já estudados.

5.6.1) Figura Pertencente a Plano Paralelo à Linha de Terra

A figura 79-a mostra a vista em perspectiva de um triângulo (ABC) pertencente a um plano (α) paralelo à linha de terra, bem como um plano (π_1), perpendicular a (α) e a (π'), que será o plano horizontal de projeções de um novo sistema. Observa-se que, neste novo sistema, o plano (α) passa a ser um plano vertical, pois fica perpendicular a (π_1).
Na segunda mudança, fazemos o plano (α) coincidir com (π'_2), plano vertical do segundo sistema que nos dará a VG do triângulo (ABC).

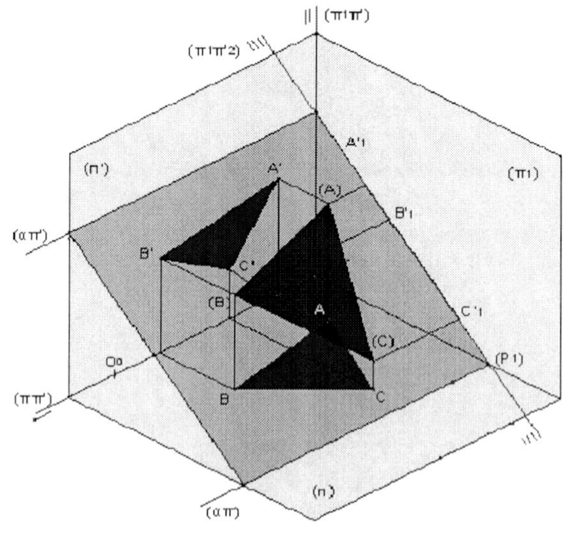

Figura 79-a

A épura correspondente é mostrada na figura 80-b.

A VG do triângulo (ABC) é o triângulo $A'_1B'_1C'_1$ e foi obtido segundo os seguintes procedimentos:

I. Cria-se um plano perpendicular a (α). Este plano, no sistema de projeções original, é caracterizado como um plano de perfil e será o plano horizontal de um novo sistema em que (π') será mantido como plano vertical. Este novo plano horizontal será chamado (π_1) e a nova linha de terra, ($\pi_1\pi'$);

II. Projeta-se (ABC) no novo sistema. A projeção vertical, A'B'C' é mantida e teremos:

$A' \equiv A'_1$

$B' \equiv B'_1$

$C' \equiv C'_1$

III. A projeção horizontal é obtida transferindo-se os afastamentos de (A), (B) e (C) para o novo sistema, a partir da nova linha de terra, obtendo os pontos A_1, B_1 e C_1;

IV. Como neste sistema (ABC) ficou perpendicular a (π_1), A_1, B_1 e C_1 serão **obrigatoriamente** colineares;

V. Cria-se, agora, um novo plano de projeção, desta vez coincidente com a reta suporte de A_1, B_1 e C_1. Este plano será o plano vertical desse segundo sistema, em que a linha de reta é a reta suporte construída;

VI. Projeta-se (A_1,B_1 C_1) nesse segundo sistema. A projeção horizontal A_1, B_1 C_1 é mantida e teremos:

$A_1 \equiv A_2$

$B_1 \equiv B_2$

$C_1 \equiv B_2$

VII. A projeção vertical é obtida transferindo-se as cotas de (A_1, B_1 C_1) para esse segundo sistema, obtendo-se os pontos A'_2, B'_2 e C'_2

O triângulo $A'_2\ B'_2\ C'_2$ é a VG do triângulo (ABC).

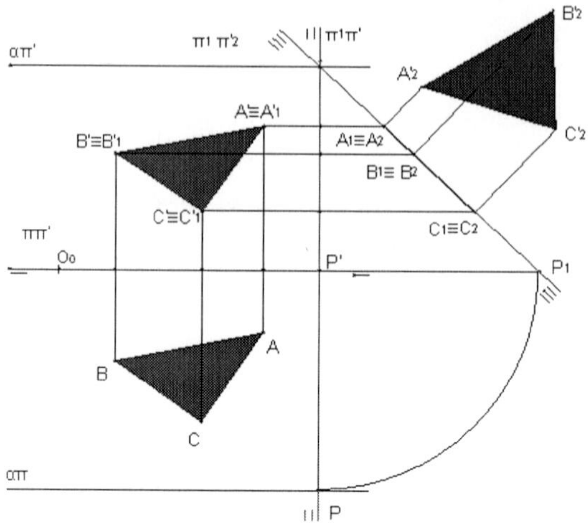

Figura 79-b

5.6.2) Figuras em Planos Oblíquos à Linha de Terra

A figura 80-a mostra a vista em perspectiva de um triângulo (ABC) pertencente a um plano qualquer (α) oblíquo a (π) e a (π'), bem como um plano (π'_1), perpendicular a (α) e a (π), que será o plano vertical de projeção de um novo sistema. Observa-se que, nesse novo sistema, o plano (α) passa a ser um plano de topo, pois fica perpendicular a (π'_1).

Na segunda mudança, fazemos o plano (α) coincidir com (π_2), plano horizontal do segundo sistema que nos dará a VG do triângulo (ABC).

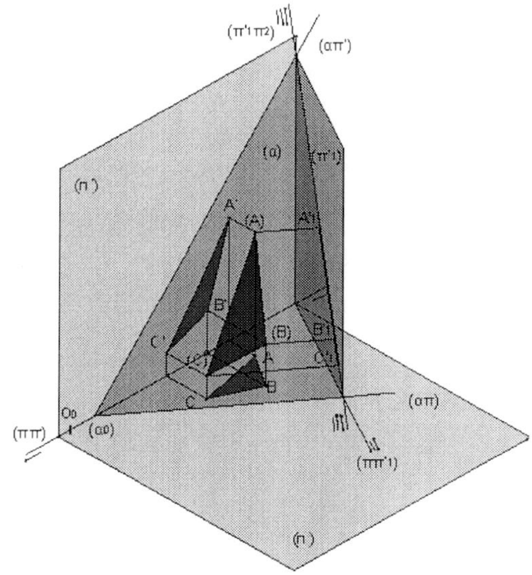

Figura 80-a

A épura correspondente é mostrada na figura 80-b.

A VG do triângulo (ABC) é o triângulo $A_1B_1C_1$ e foi obtido segundo os seguintes procedimentos:

VIII. Cria-se um novo plano de projeção perpendicular a (α). Se vamos fixar as projeções horizontais do sistema original, este novo plano será (π'_1), plano vertical do novo sistema. Sua interseção com (π) será perpendicular às retas horizontais de (α) – inclusive (απ) – e representada por ($\pi\pi'_1$), linha de terra, desse novo sistema;

IX. Projeta-se (ABC) no novo sistema. A projeção horizontal, ABC é mantida e teremos:

$A \equiv A_1$

$B \equiv B_1$

$C \equiv C_1$

X. As projeções verticais são obtidas transferindo-se as cotas de (A), (B) e (C) para o novo sistema, a partir da nova linha de terra, obtendo os pontos A'_1, B'_1 e C'_1;

XI. Como neste sistema (ABC) ficou perpendicular a (π'_1), A'_1, B'_1 e C'_1 serão **obrigatoriamente** colineares;

XII. Cria-se, agora, um novo plano de projeção, desta vez coincidente com a reta suporte de A'_1, B'_1 e C'_1. Este plano será o plano horizontal deste segundo sistema, em que a linha de reta é a reta suporte construída;

XIII. Projeta-se (A_1,B_1,C_1) nesse segundo sistema. A projeção vertical A'_1, B'_1 C'_1 é mantida e teremos:

$A'_1 \equiv A'_2$
$B'_1 \equiv B'_2$
$C'_1 \equiv B'_2$

XIV. A projeção vertical é obtida transferindo-se os afastamentos de (A_1, B_1 C_1) para esse segundo sistema, obtendo-se os pontos A_2, B_2 e C_2

O triângulo A_2 B_2 C_2 é a VG do triângulo (ABC).

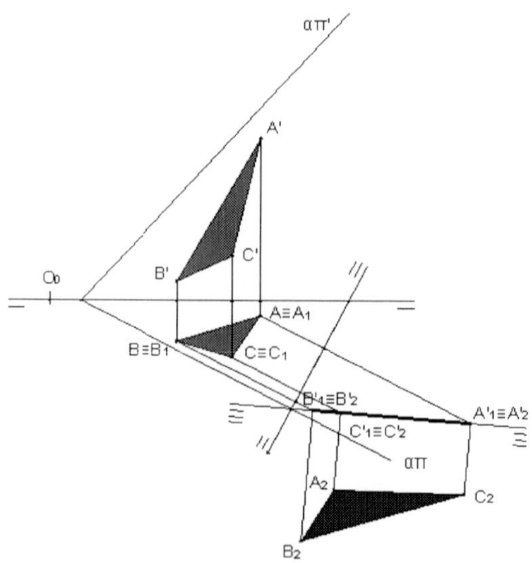

Figura 80-b

Capítulo 6
Da Geometria Descritiva ao Desenho Técnico

6.1) Espaços Projetivos no Desenho Técnico

Vimos que, mantidas constantes as coordenadas descritivas dos pontos de uma figura objetiva, suas projeções horizontal e vertical, permanecem respectivamente **congruentes** independentemente do diedro em que estejam situadas.

Pode-se observar, também, que ao se transladar uma figura no espaço, mantendo-se fixos os afastamentos ou as cotas de todos os seus pontos, as respectivas projeções também não se alteram.

Logo, uma figura do espaço poderá sempre ser "transportada" para o 1º diedro onde a visualização de suas projeções é mais simples de ser entendida.

Por outro lado, uma figura objetiva pode ser definida pelas dimensões dos elementos geométricas que a constituem. Se a supomos no 1º diedro, as coordenadas descritivas de seus pontos não serão necessárias. Para tanto, basta que a figura objetiva (ou objeto) seja convenientemente posicionada em relação aos planos de projeção de tal sorte que suas dimensões sejam claramente identificadas através de suas projeções.

Não havendo necessidade de abcissas, afastamentos e cotas, não há necessidade, também, da linha de terra. Isso significa dizer que:

As projeções horizontal e vertical de uma figura podem ser construídas conhecendo-se apenas as dimensões dos seus elementos geométricos essenciais.

Este é o princípio que rege as chamadas *vistas ortográficas* utilizadas no Desenho Técnico, onde a projeção vertical é chamada *vista frontal* e a projeção horizontal, *vista superior*. Nos projetos de arquitetura, construção civil e tubulações, a vista frontal é chamada *elevação* e a superior é chamada *planta*.

6.2) Projeto de Engenharia

Entende-se como *Projeto de Engenharia* o conjunto de documentos técnicos que possibilitam implantar edificações, instalações prediais elétricas, hidráulicas e sanitárias; estradas e ferrovias, pontes, túneis e viadutos; redes de transmissão e distribuição de energia elétrica; fábricas em geral; indústrias de transformação; adutoras, barragens, usinas hidrelétricas, nucleares e termoelétricas; máquinas, equipamentos, instrumentos, sistemas de informação, sempre na busca de novas tecnologias sustentáveis e economicamente viáveis que visem, fundamentalmente, o bem estar e a qualidade de vida da população para a qual é direcionado.

Um Projeto de Engenharia compreende, de um modo geral, estudo de viabilidade técnica e econômica, projeto básico, orçamento de investimento, planejamento executivo, memórias de cálculo, especificações técnicas de materiais e serviços e, sobretudo, **desenhos de projeto**.

Os desenhos de projeto, simplesmente chamados *projetos*, são representações gráficas que, obedecendo a critérios e normas específicas, constituem o **Desenho Técnico**, linguagem gráfica utilizada nos projetos de engenharia em geral.

As representações gráficas em Desenho Técnico usam projeções ortográficas que, na verdade, são as **projeções ortogonais** daquilo que se quer construir. Ou seja, a Geometria Descritiva é a base em que se fundamenta o Desenho Técnico. Os princípios geométricos já vistos anteriormente, nestes e em quaisquer outros casos, são **absolutamente os mesmos**.

Ora, se um desenho de projeto é, na verdade, a representação gráfica das projeções ortogonais daquilo que se quer construir, tais projeções **devem**, sempre, na medida do possível, mostrar sua **verdadeira grandeza**.

Na Geometria Descritiva, as medidas de um objeto, seja ele uma edificação, uma obra de arte, um elemento construtivo, um veículo, uma peça de máquina, um simples sólido geométrico ou outros de qualquer natureza, as coordenadas descritivas que o posicionam no espaço, em última análise, definem suas dimensões. No Desenho Técnico, as coordenadas descritivas são substituídas pela **cotagem** dos elementos geométricos que caracterizam o objeto. A cotagem, portanto, nada mais é do que a indicação das diversas dimensões – distâncias, comprimentos, larguras, alturas e raios – que possibilitam construir o objeto.

Exercícios Resolvidos

I – Projeções de Pontos

1) Utilizando uma mesma linha de terra, construa as projeções dos seguintes pontos:
(A):[2; 3;5], (B):[6; -2; 3,5], (C):[9; 3; -3], (D):[12; -4; -2], (E):[16; 0; 4] e (F):[19; 0; 0]

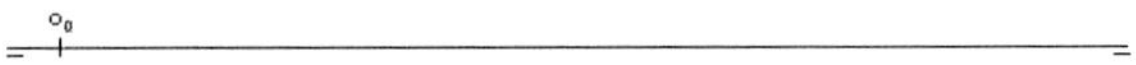

Solução:

As abcissas são todas positivas e são marcadas sobre a linha de terra a partir da origem O_0, no canto esquerdo.
Os afastamentos positivos são marcados sobre a linha de chamada respectiva, abaixo da linha de terra e os afastamentos negativos, acima.
As cotas positivas são marcadas sobre a linha de chamada respectiva, acima da linha de terra e as cotas negativas, abaixo.

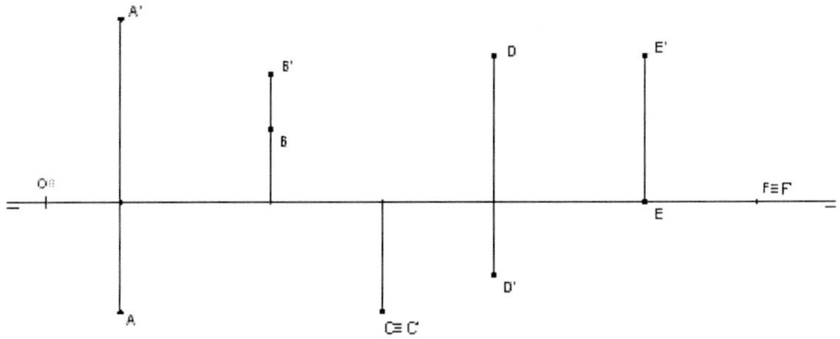

2) Complementar a épura abaixo, considerando que:
z(A) = y(A), z(B) = -y(B), z(C) = 0, y(D) = 2 x z(D); y(E) = -z(E) e y(F) = 0

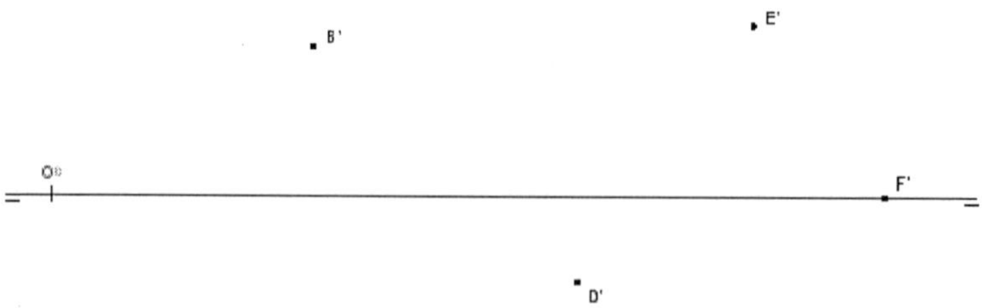

Solução:

Nesse caso, são traçadas semirretas perpendiculares à linha de terra que serão os suportes das respectivas linhas de chamada, a partir de cada projeção dada.
A coordenada a ser construída terá seu módulo dependente da coordenada dada. O sinal indicado em cada caso determina se a nova coordenada é positiva ou negativa.
Não há necessidade de indicar as abcissas A_0, B_0, C_0, etc.

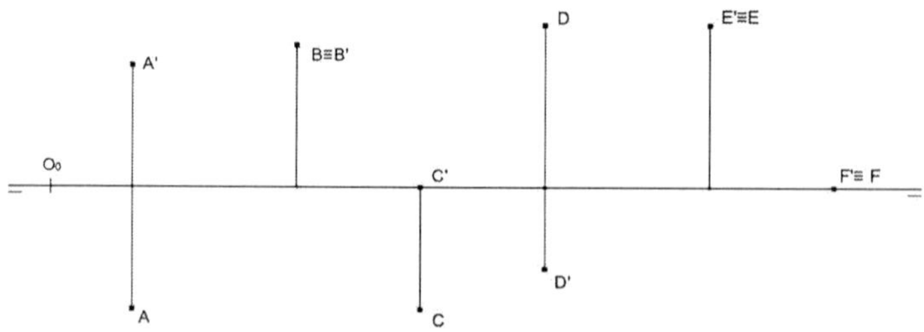

3) Dadas as projeções dos pontos (M), (N), (P), (Q) e (R), construir as projeções dos seguintes pontos:

a) (M_1): simétrico de (M) em relação a (π)

b) (N_1): simétrico de (N) em relação a (π')

c) (P_1): simétrico de (P) em relação a (ππ')

d) (Q_1): simétrico de (Q) em relação a (π)

e) (R_1): simétrico de (R) em relação a (ππ')

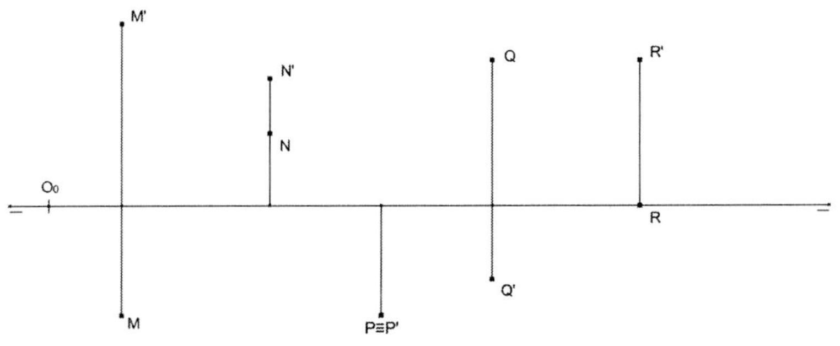

Solução:

Se um ponto é simétrico de outro em relação a um plano de projeção, o módulo de suas coordenadas são respectivamente iguais e as projeções de ambos têm a mesma abcissa. Logo, ocupam a mesma linha de chamada.
Se o ponto é simétrico de outro em relação a (π), as projeções horizontais são coincidentes e as projeções verticais têm sinais contrários.
Se o ponto é simétrico de outro em relação a (π'), as projeções verticais são coincidentes e as projeções horizontais têm sinais contrários.
Se o ponto é simétrico de outro em relação à linha de terra, os respectivos afastamentos são iguais, mas de sinais contrários. As respectivas cotas serão, também, iguais, mas de sinais contrários.

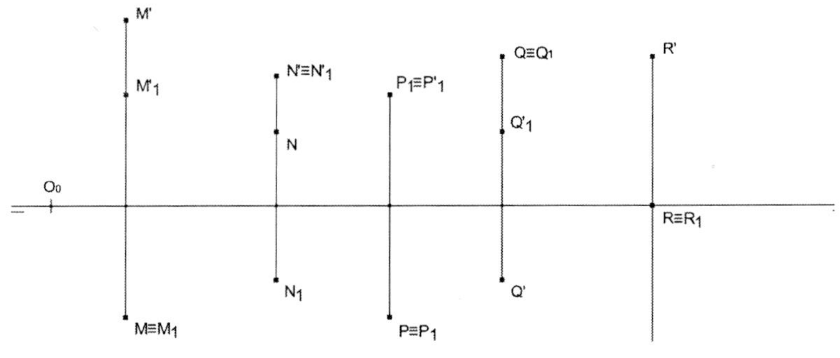

4) Construir as projeções do triângulo (ABC), sabendo-se que: (A):[4; 2; 4], (B):[7; 5; 1,5] e (C):[1; 3; 4,5]

Solução:

Basta marcar as abcissas de cada vértice na linha de terra, construir as perpendiculares de suporte das linhas de chamada e marcar os comprimentos indicados para as respectivas cotas e afastamentos.
Como todas as coordenadas são positivas, o triângulo (ABC) está localizado no 1º diedro.

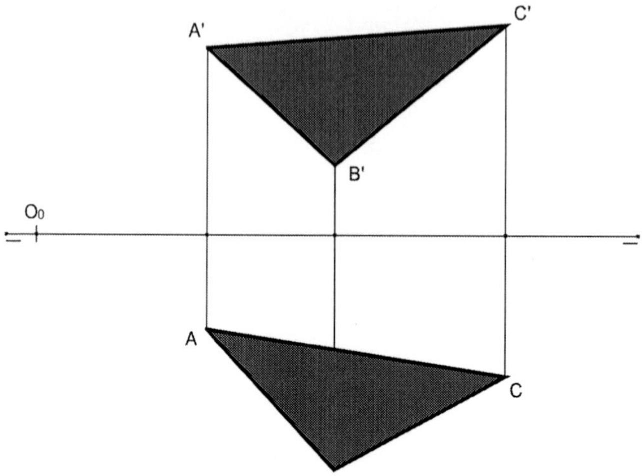

5) Construir as projeções do triângulo (ABC), localizado no 2º diedro, utilizando os módulos das coordenadas descritivas do exercício 04.

Solução:

Se o triângulo está localizado no 2º diedro, as cotas dos vértices serão positivas (acima da linha de terra) e os afastamentos, negativos (também acima da linha de terra).
As dimensões e a forma da projeção vertical do triângulo são absolutamente iguais às obtidas no 1º diedro (exercício anterior). O mesmo ocorre com a projeção horizontal, embora o posicionamento da figura projetada esteja invertido em relação à linha de terra.
Como as projeções se confundem, projeções no 2º e no 4º diedro são evitadas.

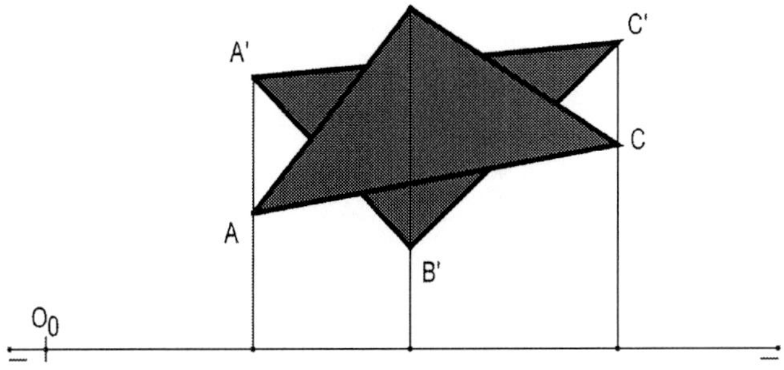

6) Construir as projeções do triângulo (ABC), localizado no 3º diedro, utilizando os módulos das coordenadas descritivas do exercício 04.

Solução:

No 3º diedro as projeções são distintas e absolutamente congruentes com as respectivas projeções obtidas no 1º diedro. Estão apenas invertidas em relação à linha de terra. No desenho projetivo, a projeção vertical é chamada *vista frontal* (ou *de frente*) e a projeção horizontal, *vista superior*. Como no 3º diedro a projeção horizontal fica acima da linha de terra, portanto *superior* à projeção vertical/*vista frontal*, os americanos utilizam o 3º diedro nos projetos de engenharia.

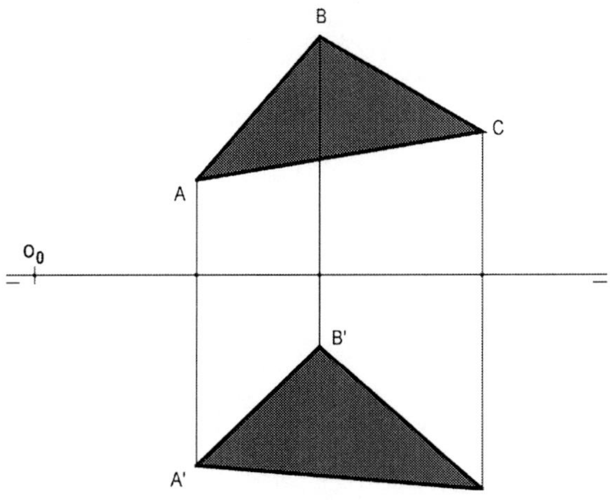

7) Construir as projeções de um quadrilátero (ABCD), sabendo-se que as cotas de seus vértices são todas iguais.

Dados:

(A):[4;3; 3], (B):[8; 1; ?], (C):[10; 4; ?] e (D):[6; 5,5; ?]

Solução:

Se as cotas dos vértices são todas iguais, cada interrogação representa a mesma cota do vértice (A), ou seja, z(A)=z(B)=z(C)=z(D)=3.
Os procedimentos seguintes são os mesmos já vistos até aqui.

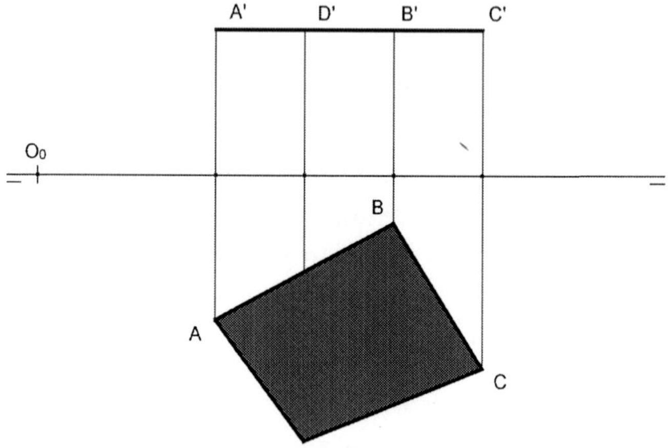

8) Construir as projeções de um triângulo (ABC) cujos vértices têm abcissas iguais a 6, sendo dados:

a) Y(A)=z(A)=3

b) Y(B)=z(B)=5

c) Y(C)=z(C)=1

Solução:

Se todos os vértices têm abcissas iguais, todos ocuparão a mesma linha de chamada e, tanto a projeção vertical do triângulo, como a horizontal, serão limitadas a segmentos perpendiculares à linha de terra.

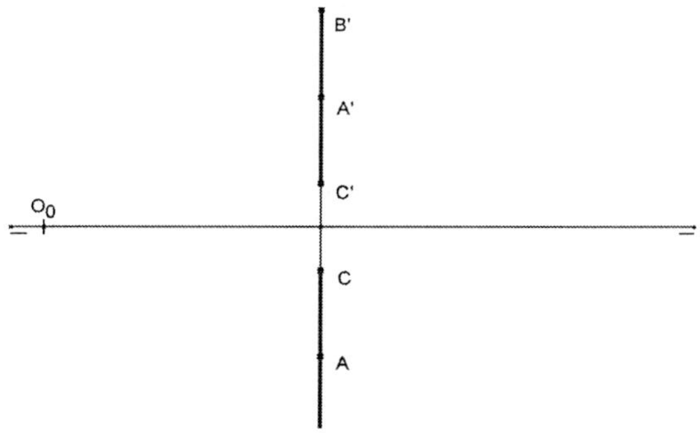

II – Projeções de Retas e Segmentos de Retas

1) Complementar as épuras abaixo, considerando que:

a) (AB) é paralelo a (π);

b) (CD) é paralelo a (π');

c) (EF) é de topo;

d) (GH) é vertical.

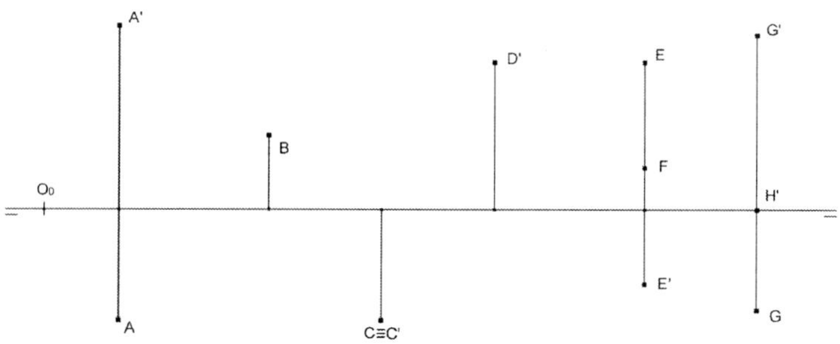

Solução:

Se uma reta/segmento é paralelo a (π) todos os seus pontos têm cotas iguais e, obviamente, de mesmo sinal. Trata-se, na verdade, de um *segmento/reta horizontal*, paralelo ao plano horizontal de projeção.

Se uma reta/segmento é paralelo a (π') todos os seus pontos têm afastamentos iguais e de mesmo sinal. Trata-se de uma *reta/segmento frontal*, paralelo ao plano vertical de projeção.

Se uma reta/segmento é perpendicular a um plano, sua projeção ortogonal neste plano se reduz a um ponto. Se a reta/segmento é *vertical*, sua projeção horizontal se reduz a um ponto. Se a reta/segmento é de *topo*, sua projeção vertical é que se reduz a um ponto.

A determinação da projeção que falta, em cada caso, deverá ser feita obedecendo às respectivas condições estabelecidas. Unindo cada par de projeções de pontos, serão obtidas as projeções dos segmentos.

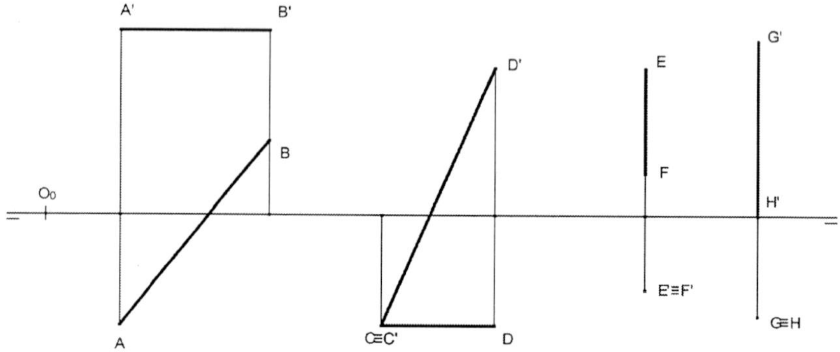

2) Determinar as projeções de um ponto (I), tais que y(I)=z(I), para as retas (r), (s) e (t) dadas por suas projeções.

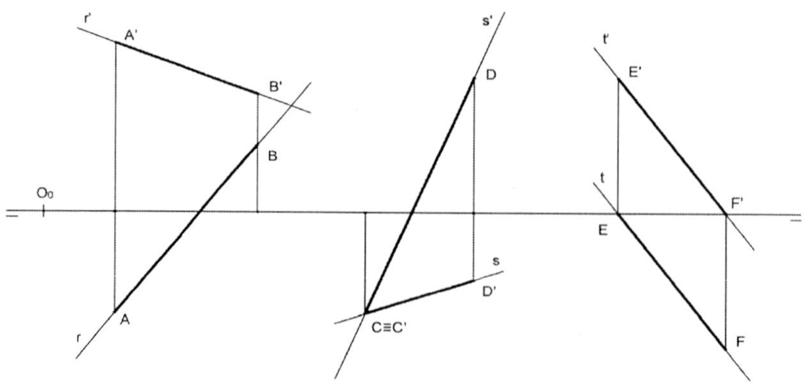

Solução:

O problema é resolvido com procedimentos de desenho geométrico plano, da seguinte forma:

a) Escolhemos o ponto em que uma das projeções da reta/segmento corta a linha de terra e chamamos esse ponto de 1;

b) Definimos uma das projeções de uma das extremidades desse segmento como ponto de partida e chamamos esse ponto de 2;

c) Com centro no ponto 1 e abertura do compasso até o ponto 2, desenhamos um arco de círculo até cortar a linha de chamada correspondente e determinamos o ponto 3;

d) Traçamos uma semirreta desde o ponto 1 passando pelo ponto 3, até cortar a outra projeção da reta/ segmento, onde marcamos a projeção correspondente do ponto (I);

e) Desta projeção, traçamos uma linha de chamada até encontrar a outra projeção de (I).

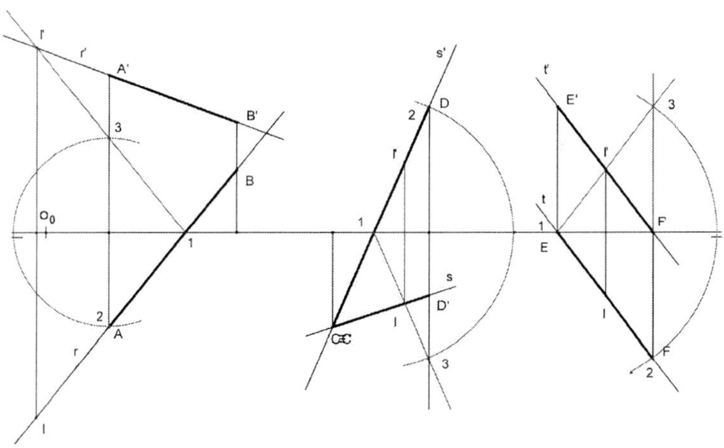

3) Determinar os pontos notáveis (V), (H), (I) e (P) das retas (u), e (h), dadas por suas projeções.

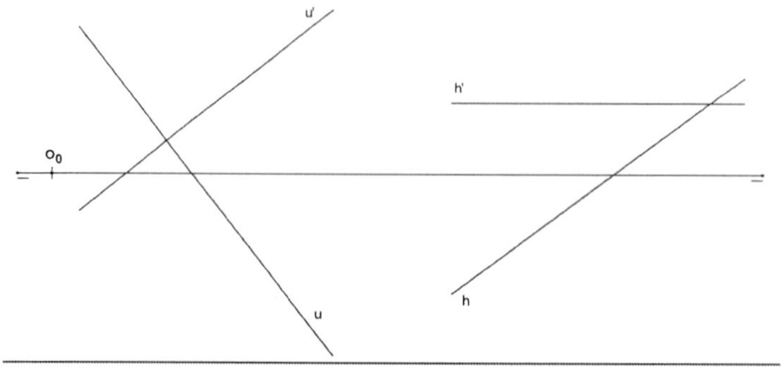

Solução:

Na Geometria Descritiva tradicional pontos notáveis são os traços de uma reta no plano horizontal de projeção, ponto (H), no plano vertical de projeção, ponto (V), no plano bissetor ímpar, ponto (I) e no plano bissetor par, ponto (P). Ou seja:

a) A cota de (H) é nula

b) O afastamento de (V) é nulo

c) A cota e o afastamento de (I) são iguais e de mesmo sinal

d) A cota e o afastamento de (P) são iguais, mas de sinais contrários

Encontrar as projeções de (H) e (V) é imediato.

No exercício 03 é mostrado como determinar as projeções de (I).

As projeções de (P) são coincidentes e estão localizadas na interseção das projeções da reta.

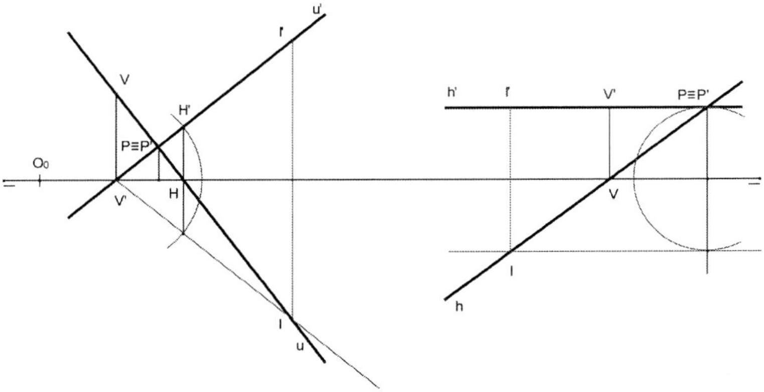

4) Determinar os traços das retas suportes dos segmentos (PQ), (VU), (MN) e (RS)

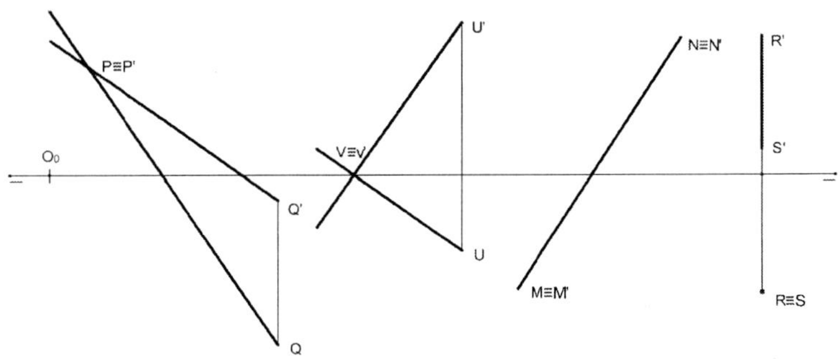

Solução:

Trata-se de encontrar as projeções dos pontos (H) e (V) das retas, tal como já foi feito anteriormente.

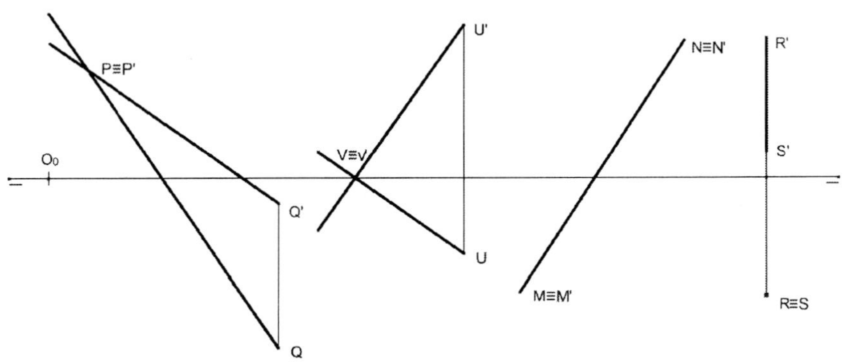

5) Determinar as projeções de um ponto (M), interno aos segmentos dados por suas projeções abaixo, tal que:

a) (MA)/(MB)=2/3

b) (MC)/(MD)=1/2

c) (MF)/(ME)=1

d) (MG)/(MH)=3

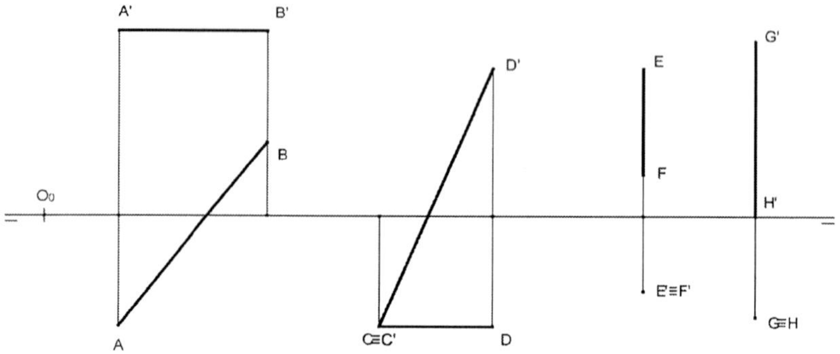

Solução:

Para encontrar um ponto que divide um segmento identificado por suas projeções numa dada razão, podemos trabalhar com a projeção vertical ou horizontal do segmento, como também no segmento entre as abcissas das extremidades, na linha de terra.
Escolhemos o segmento-base com que iremos trabalhar. Traçamos por uma de suas extremidades uma semirreta onde serão marcados tantos segmentos iguais quanto for a soma do numerador com o denominador da razão. Se a razão for 2/5 marcaremos 7 segmentos iguais. Se for 1/3, marcaremos 4. Se for um número inteiro, admite-se 1 como denominador. Assim, para uma razão 2, marcaremos 3 segmentos iguais. Ligamos a extremidade do último à outra extremidade do segmento que se quer dividir. Identificamos o ponto divisor na semirreta auxiliar e por ele traçamos uma paralela ao segmento da extremidade. Onde esta paralela tocar o segmento-base, é um dos pontos procurados.

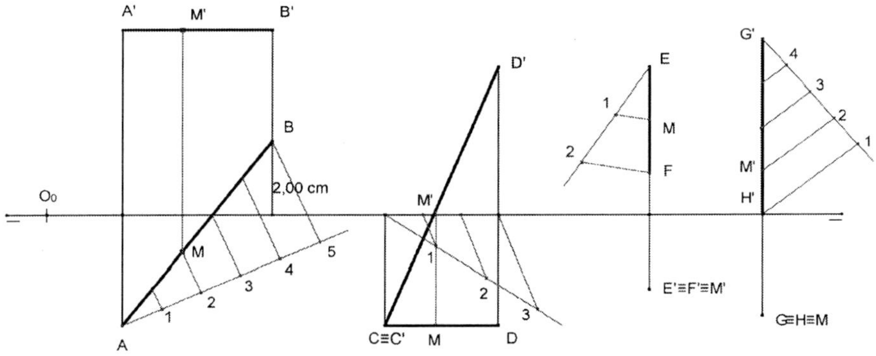

6) Determinar o baricentro do triângulo (ABC) dado por suas projeções.

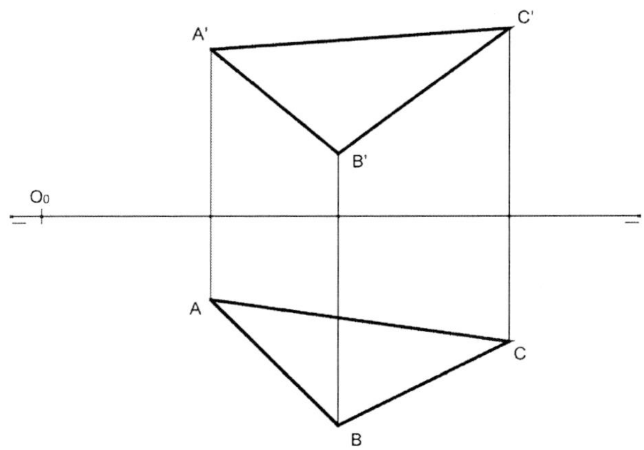

Solução:

Sabe-se que as medianas de um triângulo se interceptam no seu baricentro que divide internamente as medianas na razão 1/2. Assim, basta determinar o ponto médio de qualquer dos lados de uma das projeções do triângulo, traçar a mediana correspondente e determinar o ponto que a divide na razão 1/2 . O baricentro dista de cada lado do triângulo a metade do que dista do respectivo vértice.

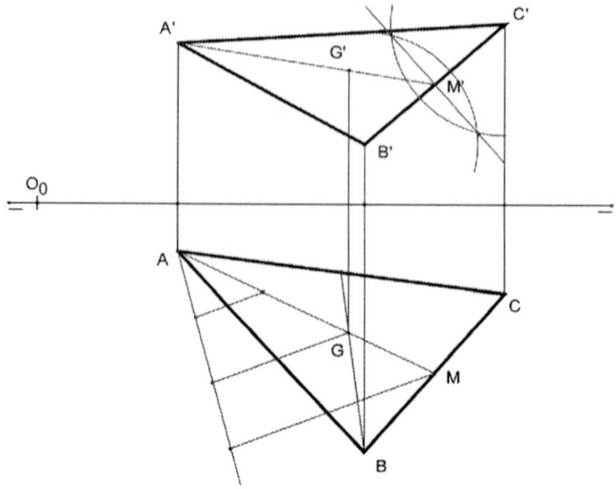

7) Complementar as épuras, a seguir, considerando que:

a) (m) //(n)

b) (AB) « (CD)=(O)

c) (UV) ^ (JK)

d) (t) // (u)

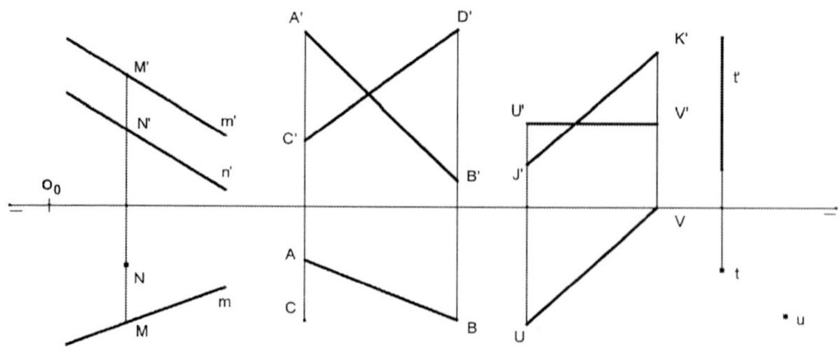

Solução:

Basta lembrar que:

a) retas/segmentos paralelos se projetam paralelos;

b) As projeções do ponto comum de retas/segmentos concorrentes estão numa mesma linha de chamada;

c) Quando um dos lados de um ângulo reto é paralelo a um plano de projeção, o ângulo se projeta reto nesse plano.

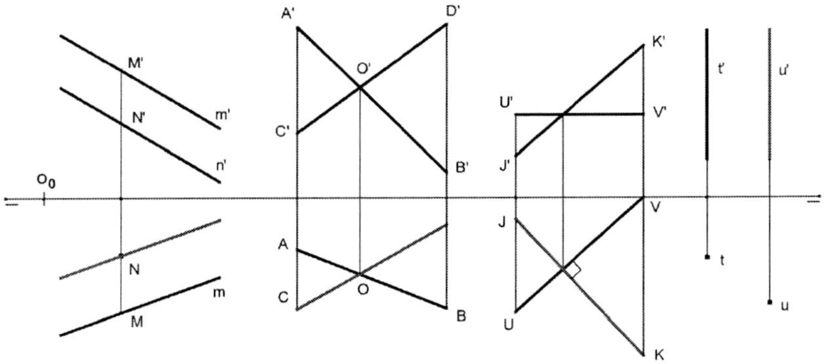

8) Indicar, a seguir, qual a posição relativa entre cada par de retas dadas por suas respectivas projeções.

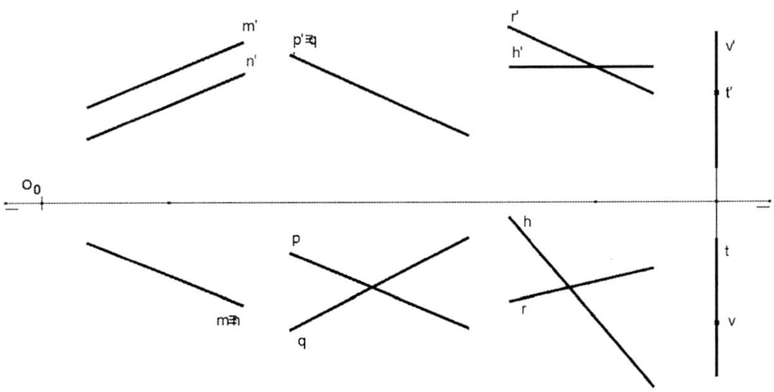

a) Retas (m) e (n):...........................

b) Retas (p) e (q):...........................

c) Retas (r) e (h):...........................

d) Retas (v) e (t):...........................

Solução:

a) Retas (m) e (n):....paralelas..........

b) Retas (p) e (q): ....concorrentes...

c) Retas (r) e (h):....reversas...........

d) Retas (v) e (t):....perpendiculares

9) Complementar as projeções do paralelogramo (ABCD), sabendo-se que:

a) A projeção horizontal da reta (s) que contém a diagonal (AC)

b) A projeção horizontal do ponto (M) pertencente ao lado (AB)

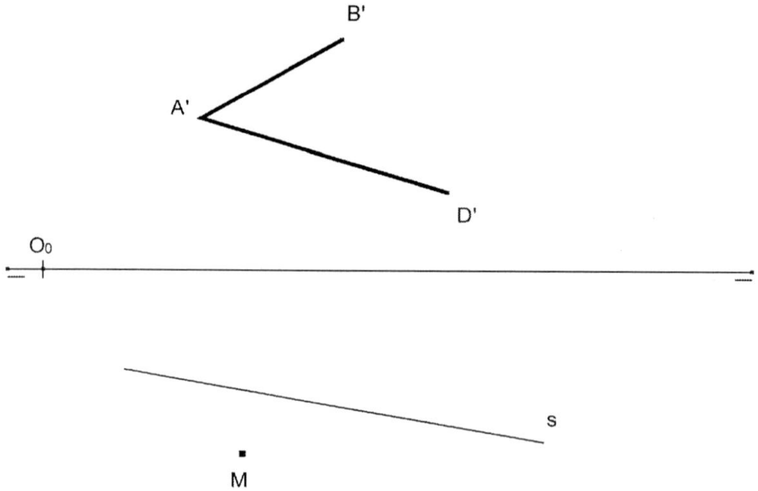

Solução:

Os lados opostos de um paralelogramo são paralelos. Logo, suas projeções de mesmo nome também o são.
Sugere-se considerar o problema resolvido para visualizar melhor os passos para chegar à solução.

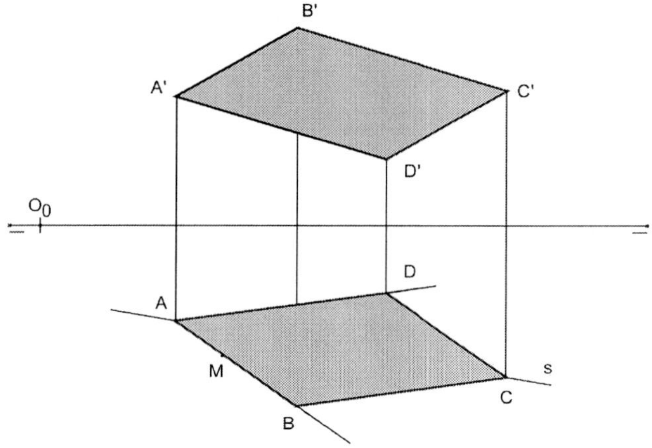

10) Complementar a épura do retângulo (ABCD), sabendo-se que a reta (s) é horizontal e é suporte do lado (AB).

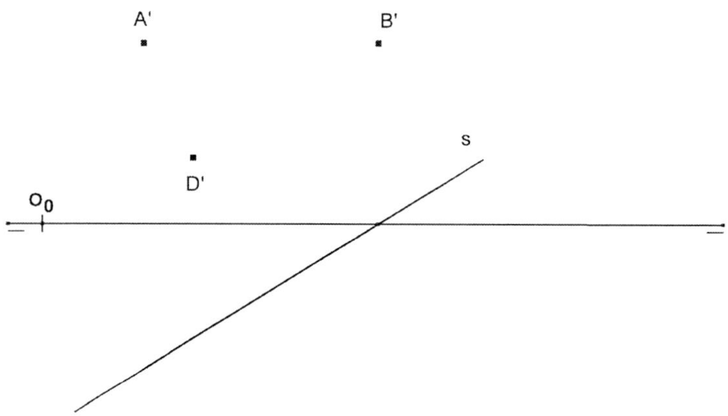

Solução:

Os ângulos internos de um retângulo são todos retos.
Nesse caso, basta lembrar que os ângulos retos se projetam retos quando um dos lados do ângulo é paralelo ao plano de projeção.

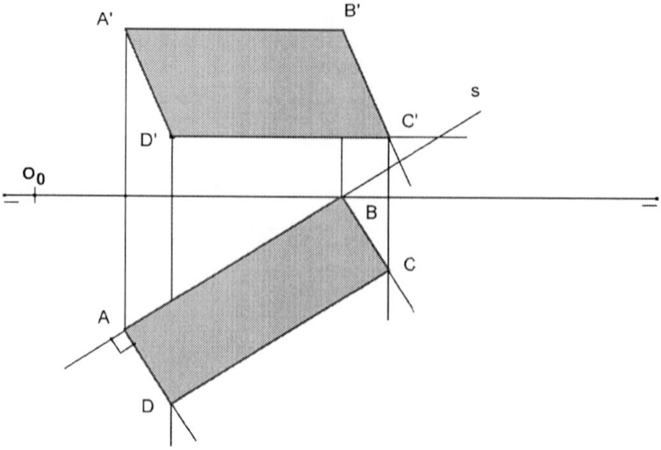

11) Complementar as projeções do triângulo (MNP), sendo dados:

a) G': projeção vertical do baricentro do triângulo (MNP);

b) M' e N': projeções verticais do lado (MN);

c) u: projeção horizontal da reta suporte do lado (MN);

d) v: projeção horizontal do vértice (P).

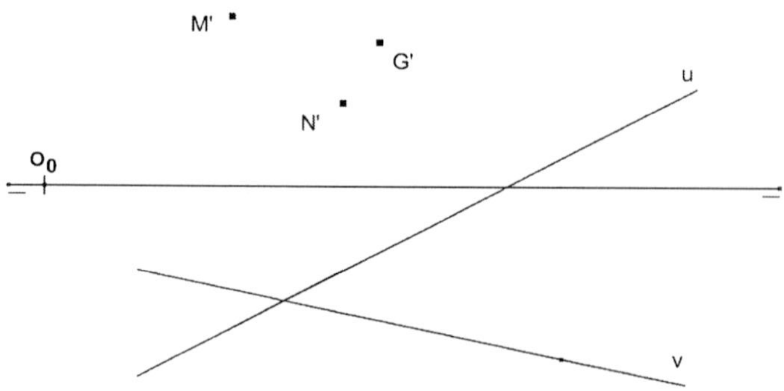

Solução:

Em qualquer triângulo o baricentro é o ponto de encontro de suas medianas. Como as projeções do lado (MN) são indiretamente dadas, basta determinar o ponto médio de M'N' e a projeção vertical da reta suporte de uma mediana fica definida. Dobrando a distância de G' a esse ponto médio sobre a reta suporte dessa mediana, fica determinada a projeção vertical do vértice (P). Traçando linha de chamada até u, encontra-se a projeção horizontal de (P).

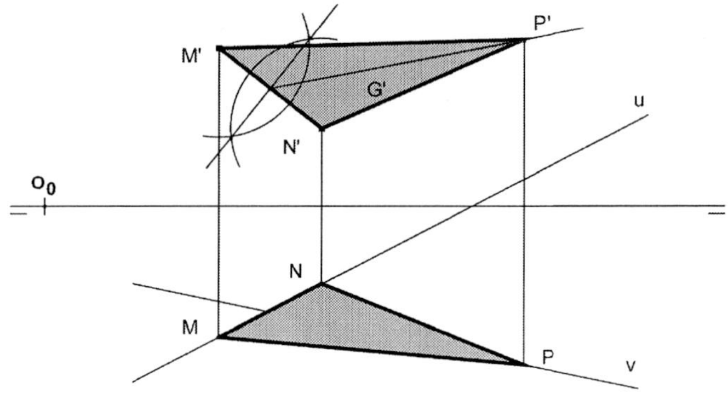

12) Construir as projeções de um trapézio isósceles (MNPQ), sabendo-se que:

a) (t) é a reta suporte da base (PQ), que contém o ponto (T);

b) (H) é o pé da altura do trapézio, baixada do vértice (N);

c) M é a projeção horizontal do vértice (M);

d) (MN) é a base menor do trapézio.

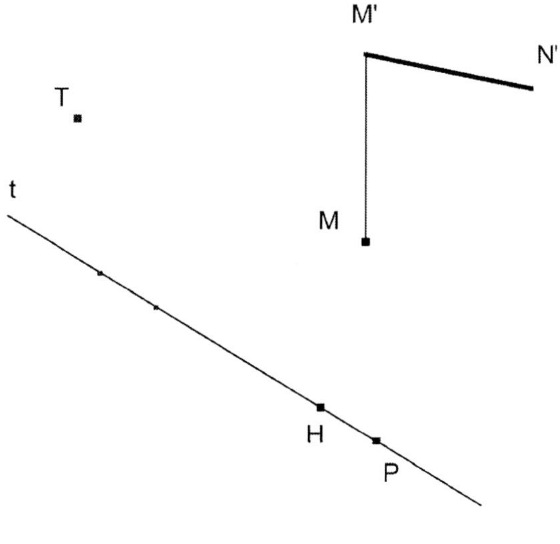

Solução:

O importante é saber que num trapézio isósceles as bases, além de paralelas, guardam uma posição relativa entre elas que fazem com que os outros dois lados sejam iguais e façam ângulos iguais com a base maior. Ou seja, as projeções dos vértices da base menor sobre a base maior criam dois triângulos retângulos congruentes, o que é a chave para resolver o problema.

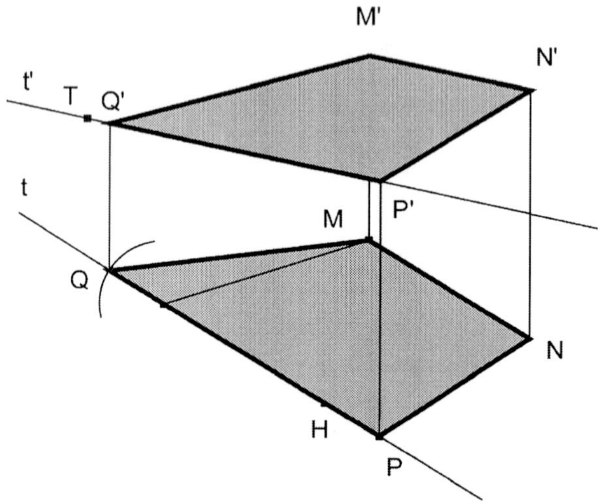

13) Construir ar projeções de uma pirâmide regular de vértice (V) e base quadrada (ABCD) apoiada no plano horizontal de projeção, sabendo-se que a diagonal (AC), da base, é paralela ao plano vertical de projeção.

Dados:

Raio da base: R
Aresta da base: a

Solução:

Vamos supor que essa pirâmide seja maciça, ou seja, as projeções só mostrarão as partes visíveis pelo observador posicionado no primeiro diedro. Inicialmente, vejamos a posição dessa pirâmide no espaço, com o auxílio de uma perspectiva isométrica.

Se a diagonal (AC) é paralela a (π'), é também paralela à linha de terra. Como não foram dadas coordenadas descritivas de qualquer elemento, a pirâmide pode ser baseada em qualquer lugar do plano (π), desde que esteja no primeiro diedro.
Como a pirâmide é regular, a projeção ortogonal do vértice (V) se confunde com o centro da base (O). Logo, o comprimento do segmento (VO) é igual à altura da pirâmide, ou seja, (VO) = h.

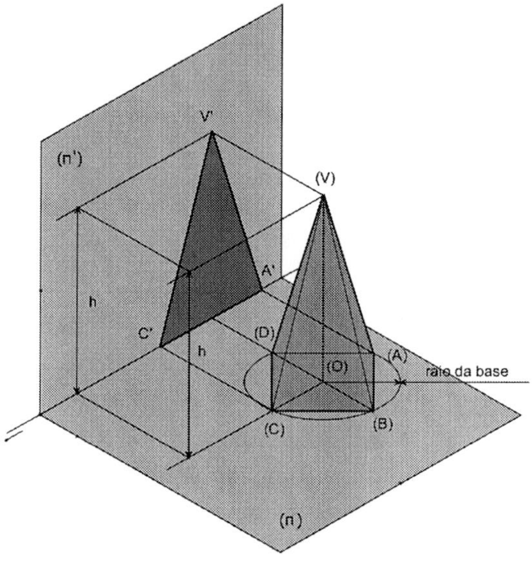

A construção da épura é muito simples.
Primeiro construímos as projeções do ponto (O), centro da base, O' na linha de terra (cota nula) e O'O > R. Com centro em O traçamos um círculo de raio R. Ainda por O, traçamos dois segmentos de reta, sendo um paralelo e outro perpendicular à linha de terra. As interseções do segmento perpendicular com o círculo nos dão os pontos A e C e as outras, os pontos B e D, projeções horizontais dos vértices do quadrado da base. A', B', C' e D' estarão na linha de terra, onde teremos A'≡ B'≡ O'.
Por O' traçamos um segmento perpendicular à linha de terra, de comprimento h e encontramos V', projeção vertical do vértice (V). A projeção horizontal será tal que V ≡ O.

Ligando V' a A', B', C' e D' assim como A' B'C' e C', teremos a projeção vertical da pirâmide. Devido ao posicionamento da base, na projeção vertical, a aresta (VB) encobre a aresta (VD) e as arestas da base, (AB) e (BC), encobrem (AD) e (CD).
Ligando V a A, B, C e D, obtemos a projeção horizontal da pirâmide.

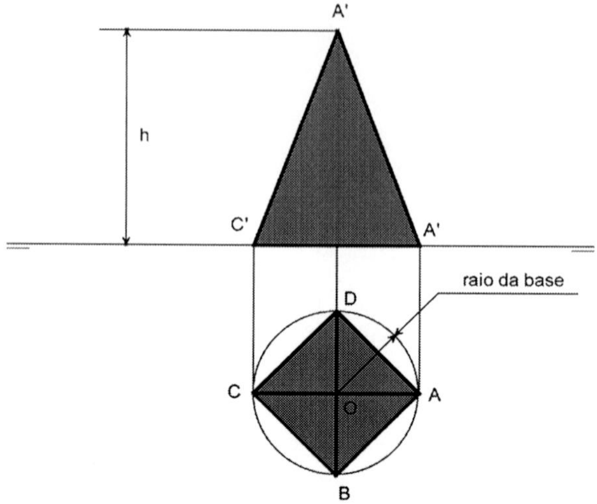

14) Construir as projeções de um prisma oblíquo de base octogonal regular apoiada sobre o plano horizontal de projeção, sabendo-se que o eixo do prisma é paralelo ao plano vertical de projeção e uma das diagonais da base é perpendicular à linha de terra.

Dados;

a) Raio da base: R

b) Altura do prisma: h

c) Inclinação do eixo: α

Solução:

Vamos supor que este prisma seja maciço, ou seja, as projeções só mostrarão as partes visíveis pelo observador posicionado no primeiro diedro. Inicialmente, vejamos a posição desta pirâmide no espaço, com o auxílio de uma perspectiva isométrica.

Como não foram dadas coordenadas descritivas de qualquer elemento, o prisma pode ser baseado em qualquer lugar do plano (π), desde que esteja no primeiro diedro.
De um ponto (O) tomado como centro da base de apoio, construímos um octógono regular com uma diagonal perpendicular à linha de terra.
Por (O) traçamos uma semirreta paralela a (π') com uma inclinação iguala a α e que será o suporte do eixo do prisma.
A base superior do prisma pertence a um plano de nível de cota igual a h, cujo centro está na situado na interseção com a semirreta do eixo. As duas bases são geometricamente iguais e paralelas.

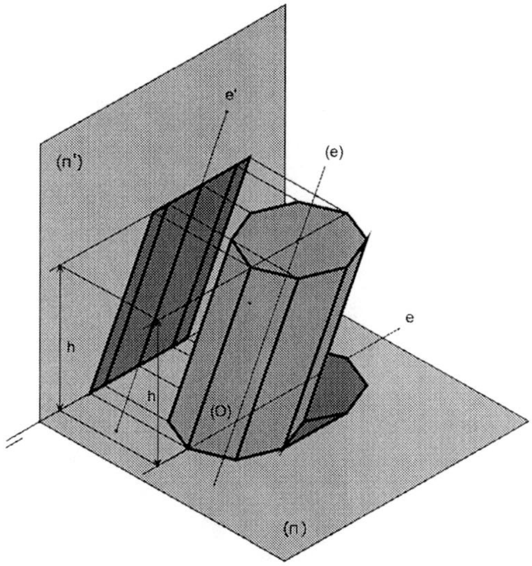

A construção da épura é muito simples.
Construímos as projeções do ponto (O), com O' sobre a linha de terra (cota nula) e tal que O'O > R.
Por O traçamos um círculo de raio R e seu diâmetro perpendicular à linha de terra. A construção do octógono regular representativo da base de apoio, é imediata. Por O' traçamos uma semirreta com inclinação igual a α, voltado para a direita do desenho.
Em seguida, traçamos uma paralela distando h da linha de terra que, ao cortar a semirreta, nos dará O'1, projeção do centro da base superior do prisma.

Por O, projeção horizontal de (O), traçamos uma paralela à linha de terra que será o suporte da projeção horizontal do eixo do prisma. Baixamos linha de chamada a partir de O'1 até encontrar a paralela traçada e encontramos O1, projeção horizontal do centro da base superior. Com centro em O1, traçamos outro círculo de raio R e construímos o octógono regular representativo da projeção horizontal da base superior do prisma.

A seguir, unimos por segmentos os vértices correspondentes das bases do prisma.

Os contornos das projeções deverão ser reforçados,pois corresponderão às projeções do prisma.

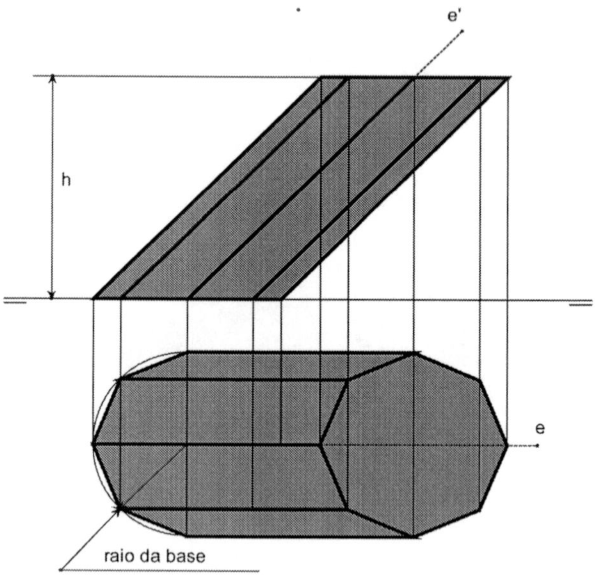

III – Projeções de Figuras Planas

1) Determinar as projeções de um ponto (Q) pertencente ao segmento (AB) tal que (PQ) seja perpendicular a (AB).

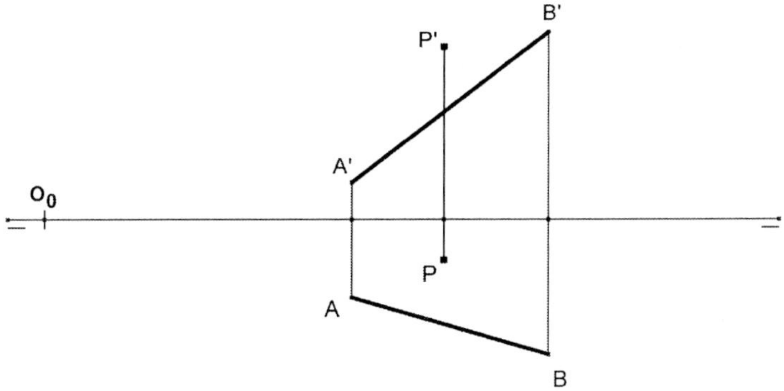

Solução:

Utilizando uma mudança de plano (no caso uma mudança de plano vertical) o segmento tornou-se frontal e a construção da perpendicular é imediata.

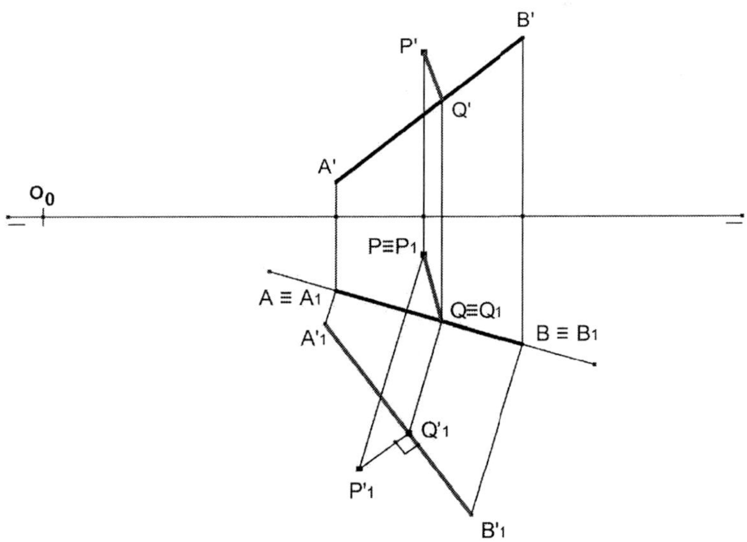

2) Determinar as projeções do segmento (PQ), perpendicular comum aos segmentos (AB) e (CD).

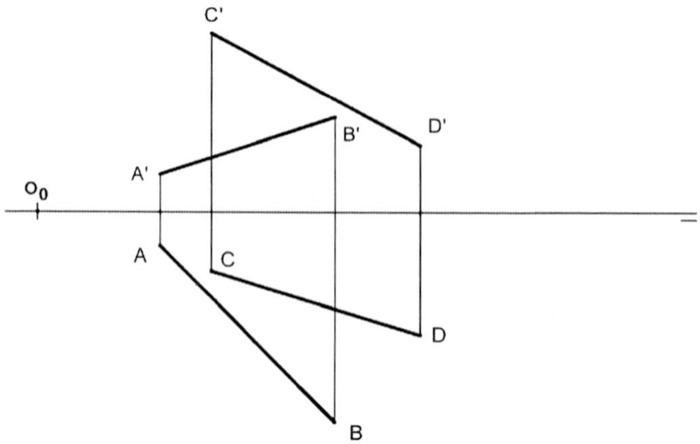

Solução:

A primeira mudança de plano torna um dos segmentos de genérico em frontal. A segunda mudança torna este mesmo segmento em segmento vertical. Nesse segundo sistema, a projeção horizontal do segmento se reduz a um ponto. O traçado da perpendicular à projeção horizontal do outro segmento, nesse sistema, é a chave do problema. Retornando ao sistema original, encontramos as projeções do segmento pedido.

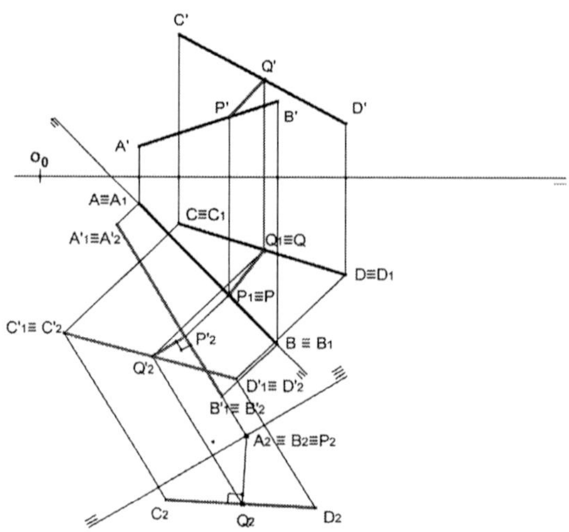

3) Determinar as projeções do ponto (Q), pertencente ao segmento (AB), tal que (PQ) seja perpendicular ao segmento (AB).

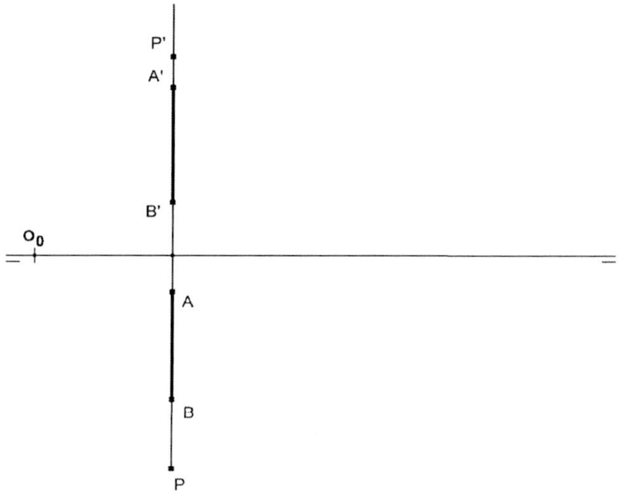

Solução I:

Como o plano da figura é perpendicular aos dois planos de projeção, a visibilidade do conjunto em épura é indispensável. Isto pode ser conseguido por rotação em torno de eixo ou mudança de plano de projeção. Façamos, inicialmente, através de uma rotação em torno de um eixo vertical que passa pelo vértice (A).

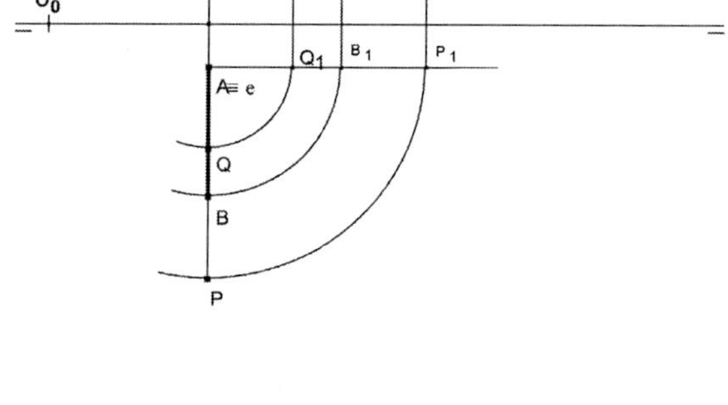

Solução II:

Utilizando, agora, uma mudança de plano vertical, a solução também é imediata.

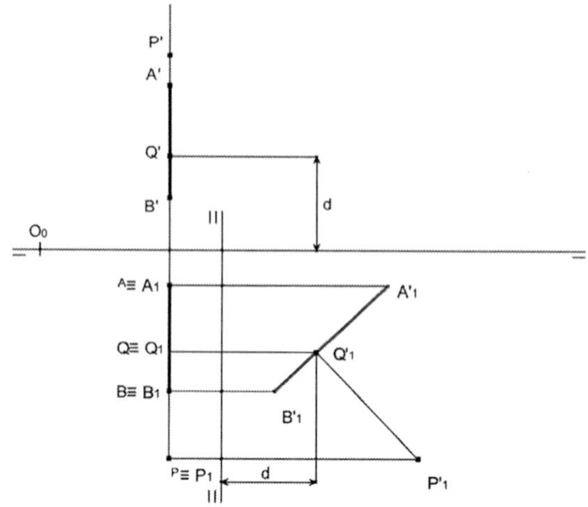

Solução III:

Fazendo rebatimento do plano da figura sobre o plano vertical de projeções, a solução também é imediata.

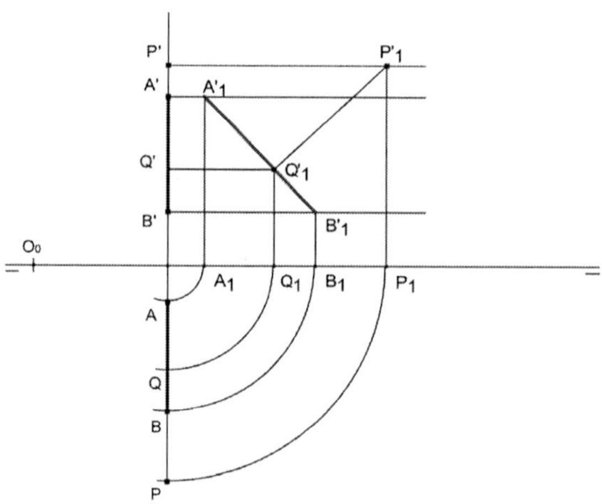

4) Completar a épura de um trapézio isósceles (ABCD) pertencente a um plano vertical sabendo-se que a altura e a base menor medem a metade da base maior, cujas projeções são dadas.

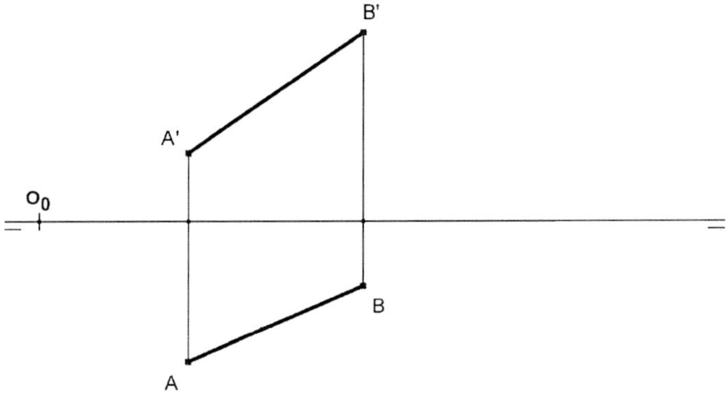

Solução I:

Inicialmente, vamos efetuar uma rotação em torno de um eixo vertical que passa pelo vértice (B), até que AB fique paralelo à linha de terra ou perpendicular às linhas de chamada, caso a linha de terra não fosse mostrada. Na verdade, o que fizemos foi colocar o plano da figura paralelo a (π'). Agora, basta construir o trapézio e retornar com os novos vértices obtidos ao plano original da figura.

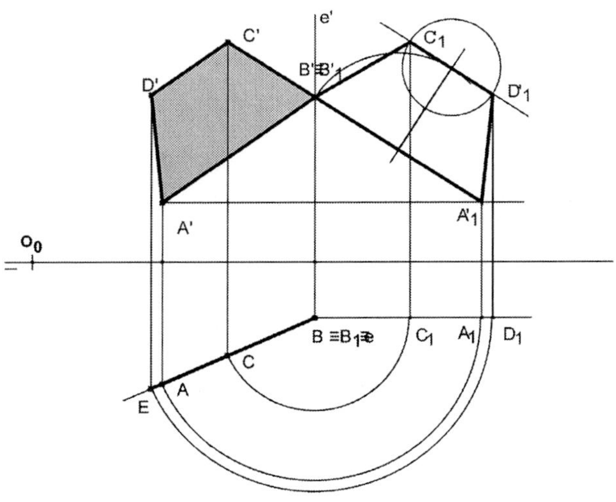

5) Construir as projeções de um losango (ABCD) pertencente a um plano de topo, sabendo-se que o comprimento da diagonal menor é a metade do comprimento da diagonal maior, cujas projeções são dadas:

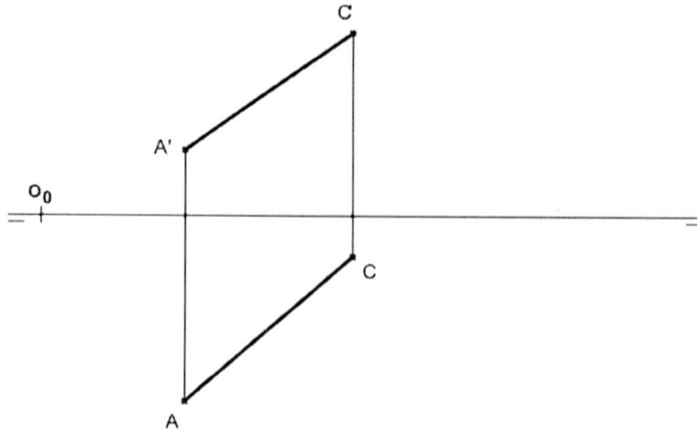

Solução:

O losango é um quadrilátero de lados iguais e diagonais perpendiculares. Nesse caso, a solução mais adequada é efetuar uma rotação em torno de um eixo de topo que passa pelo vértice (C), até que a diagonal (AC) fique paralela à linha de terra ou perpendicular às linhas de chamada, caso a linha de terra não fosse dada. Na verdade, o que fizemos foi colocar o plano da figura paralelo ao plano (π). Agora, basta construir o losango e retornar os novos vértices obtidos ao plano original da figura.

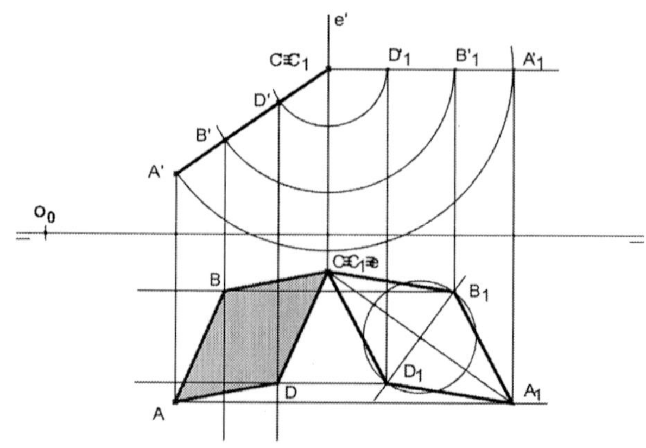

6) Construir as projeções de um triângulo retângulo (ABC), pertencente a um plano em rampa (α), sabendo-se que o pé da altura (AH) em relação à hipotenusa (BC), dada por suas projeções, é tal que (HB)/(HC)=1/3.

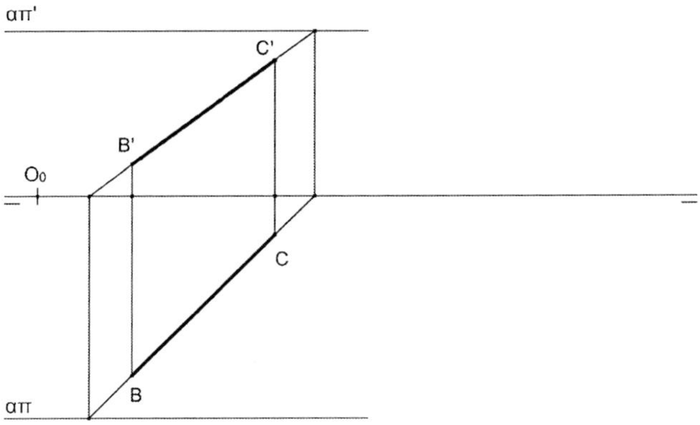

Solução:

O método mais adequado é uma dupla mudança de plano de projeção. A primeira mudança será de plano vertical, fixando-se as projeções horizontais de (ABC). A linha de terra desse novo sistema será perpendicular à linha de terra do sistema original e linhas de chamada serão traçadas perpendiculares a ela. Transferindo as cotas do sistema original para este novo sistema, obteremos as respectivas projeções verticais, ou seja, A'_1,B'_1 e C'_1 que ficam alinhadas

Fazemos então uma nova mudança de plano, agora horizontal, fixando as projeções A'_1,B'_1 e C'_1. A linha de terra deste sistema será coincidente com as projeções A'_1,B'_1 e C'_1 (poderia ser paralela). O triângulo (ABC) agora pode ser construído.

Retornando a projeção A_2 para o sistema original, obtemos as projeções procuradas.

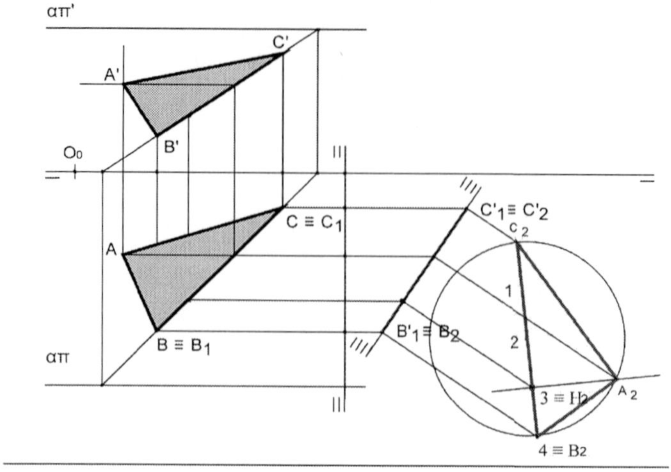

7) Determinar a VG do triângulo (ABC), dado por suas projeções.

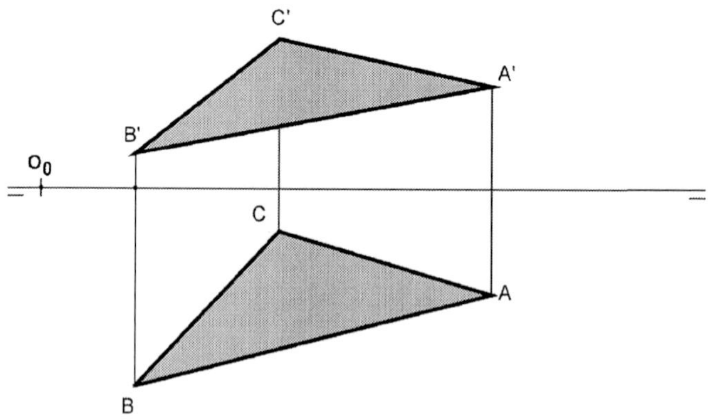

Solução:

Observando as projeções do triângulo (ABC), verificamos que seu plano é oblíquo aos dois planos de projeção. (ABC), na verdade, pertence a um plano em rampa (paralelo à linha de terra) porque as projeções de seus lados são respectivamente paralelas, ou seja, A'B' //AB, B'C'//BC e A'C'//AC. Se, por exemplo, traçarmos por A e A' segmentos paralelos à linha de terra, tais segmentos interceptarão, respectivamente, BC e B'C' em dois pontos sobre uma mesma linha de chamada.

Esses horizontais são projeções de uma reta fronto-horizontal do plano que contém (ABC).
Duas mudanças de plano, conforme feito no exercício 06, resolvem o problema.

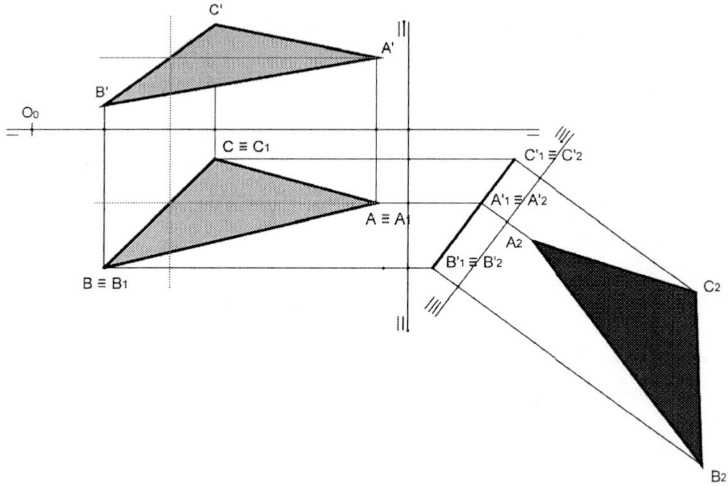

8) Construir as projeções de um triângulo equilátero (ABC), sendo dadas as projeções da hipotenusa (AB) e de um ponto (P), pertencente ao plano do triângulo.

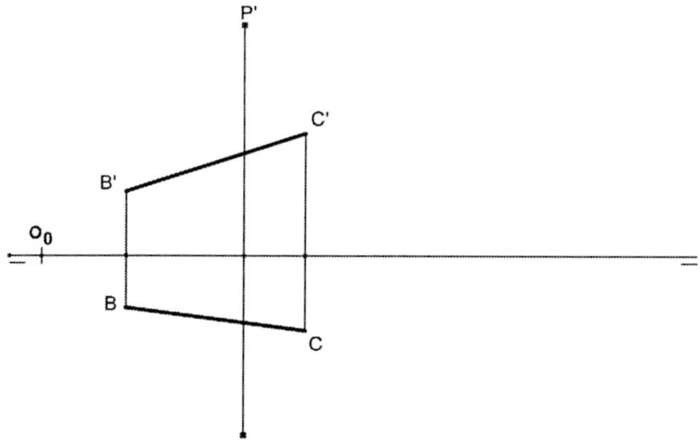

Solução:

A determinação dos traços do plano ao qual pertence o triângulo será uma tarefa complicada e assim descartamos efetuar um rebatimento. Inicialmente, vamos trabalhar com o triângulo (PBC).

Traçamos uma horizontal do plano pelo ponto (C) com a interseção com (PB). Perpendicular a h, traçamos uma segunda linha de terra e fazemos a primeira mudança de plano (mudança de plano vertical). Nesse novo sistema, o plano de (PBC) é plano de topo.

Traçamos a segunda linha de terra, agora coincidente com a nova projeção vertical $P'_1B'_1C'_1$ e construímos outro sistema, onde (PAB) está em VG. Agora basta construir o triângulo equilátero $A_2B_2C_2$ e retornar ao sistema original.

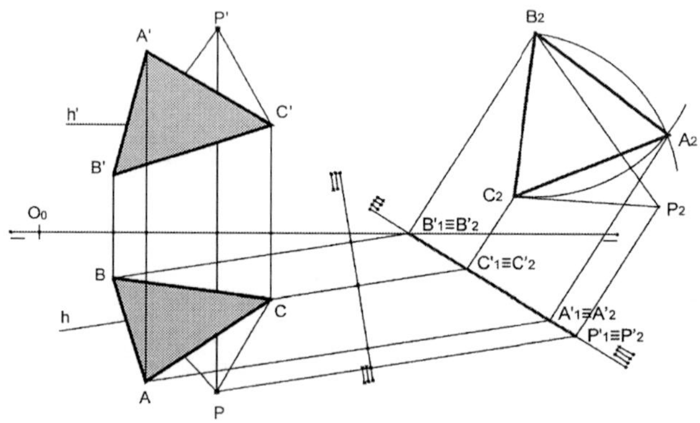

9) **Construir as projeções de um tronco de pirâmide regular de base octogonal apoiada sobre o plano horizontal de projeção (π). O tronco foi produzido por um plano de topo (α) que faz ângulo μ com o plano (π), abertura para a direita.**
Determinar, também, a verdadeira grandeza (VG) da seção.
A altura da pirâmide original é h e D é o diâmetro do círculo circunscrito à base.

Solução:

As projeções da pirâmide que dá origem ao tronco não oferecem dificuldade para serem representadas. Se a base está apoiada em (π), a projeção horizontal do círculo que circunscreve a base está em VG e a construção do octógono regular é imediata.

Como a pirâmide é reta e sua altura é dada, na projeção horizontal a projeção do vértice (V), se identifica com o centro do círculo da base. Ligando V aos vértices do octógono, fica construída a projeção horizontal da pirâmide.

A projeção vertical da base se reduz a um segmento que contém as projeções verticais dos vértices do octógono da base. O ponto médio deste segmento é a projeção vertical do centro do círculo da base. Traçando, por este ponto, uma perpendicular ao segmento e nele marcando o comprimento h, fica determinado o ponto V', projeção vertical do vértice (V) da pirâmide. Ligando V' às projeções verticais dos vértices do octógono, obtemos as projeções das arestas laterais e, consequentemente, da pirâmide.

Cabe observar que, até aqui, não houve necessidade da *linha de terra*. Dependendo do processo que será utilizado, ela será ou não necessária. Como a identificação dos traços do plano de topo (α) será simples, vamos optar por *rebater* o plano da seção sobre o plano (π).

A figura abaixo mostra uma visão espacial do problema a ser resolvido.

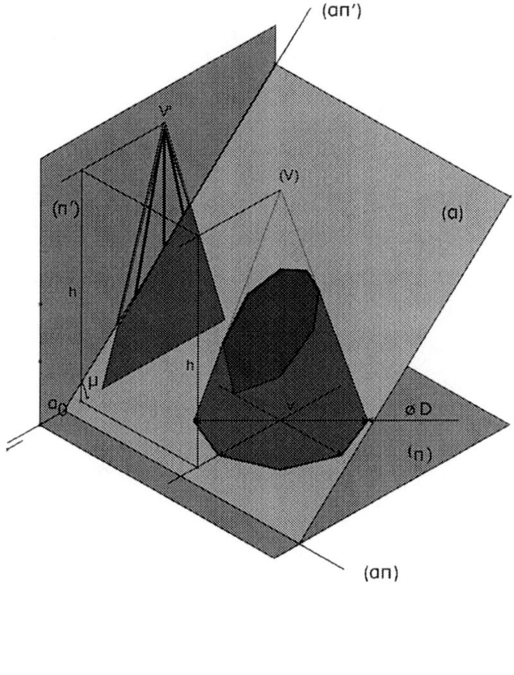

A épura, abaixo, é a solução do problema, cuja construção seguiu os passos mostrados logo após.

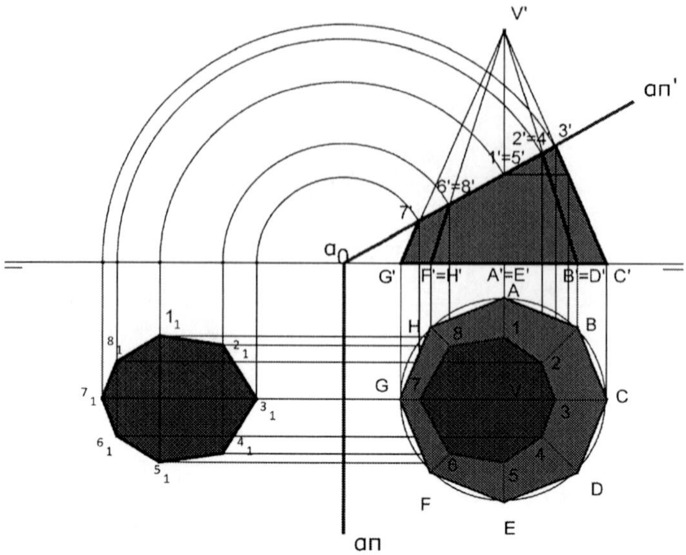

Como vamos usar um processo de *rebatimento*, estabelecemos a linha de terra e construímos as projeções da pirâmide, núcleo do tronco.

Desenhamos os traços do plano de topo (α) com a abertura μ para a direita da apura.

É importante observar que quando um plano corta todas as arestas laterais uma pirâmide, a seção produzida será obrigatoriamente um polígono de mesmo número de lados do polígono da base. No caso deste problema, a seção obtida será também um octógono, embora irregular.

As interseções de $\alpha\pi'$ com as projeções das arestas laterais, serão as respectivas projeções dos vértices da seção. Como o plano secante é de topo, ou seja, um *plano projetante*, as projeção vertical da seção se reduz a um segmento de reta.

Teremos então:

$\alpha\pi' \cap V'A' = 1'$

$\alpha\pi' \cap V'B' = 2'$

$\alpha\pi' \cap V'C' = 3'$

$\alpha\pi' \cap V'D' = 4'$

$\alpha\pi' \cap V'E' = 5'$

$\alpha\pi' \cap V'F' = 6'$
$\alpha\pi' \cap V'G' = 7'$
$\alpha\pi' \cap V'H' = 8'$

Traçamos então linhas de chamada de cada vértice da projeção vertical da seção. As interseções destas linhas de chamada, com as respectivas projeções horizontais das arestas, serão, pois, as projeções horizontais dos vértices da seção.

Teremos então:

$1 \in VA$
$2 \in VB$
$3 \in VC$
$4 \in VD$
$5 \in VE$
$6 \in VF$
$7 \in VG$
$8 \in VH$

Concluída a construção das projeções da pirâmide e determinadas as projeções da seção, as projeções do tronco serão definidas pelas projeções da base da pirâmide, pela seção plana e pelos segmentos de arestas laterais resultantes.

Quanto à visibilidade dos elementos projetados, há que se considerar o seguinte:

1) Os contornos das projeções são sempre visíveis e representadas por linhas de espessura média e contínuas;
2) Em projeção horizontal, tanto as arestas do tronco (da base, da seção e as laterais) são visíveis e serão representadas por linhas de espessura média e contínuas;
3) Em projeção vertical, (VC) e (VG) são as fronteiras entre as faces laterais visíveis e as faces laterais encobertas. Assim sendo, as arestas (VD), (VE) e (VF) são visíveis (linhas de espessura média e contínuas) e as arestas (VA, VB e VH) estão encobertas e, desta forma, representadas por linhas de espessura média e tracejadas.

Para executar o rebatimento da seção sobre o plano (π), fazemos do traço horizontal ($\alpha\pi$) o eixo de rotação (no caso, de rebatimento). Sua projeção horizontal é $\alpha\pi$ e a vertical se identifica com α_0.

Com centro em α_0 e aberturas até 1', 2', ... 8', traçamos arcos de círculo até encontrar a linha de terra, onde estão os pontos $1'_1$, $2'_1$...$8'_1$. Traçamos por estes pontos perpendiculares à linha de terra.
Pelos pontos 1, 2, ... 8, da projeção horizontal da seção, traçamos semirretas paralelas à linha de terra. A interseção destas paralelas com aquelas perpendiculares, respectivamente, nos darão os pontos 1_1, 2_1, ... 8_1 que, unidos continuamente, são os vértices da procurada VG da seção.

Bibliografia

BUSTAMANTE, Léa Santos. *Transformações Projetivas / Sistemas Projetivos*, Tese de concurso para Professor Titular da Escola de Belas Artes da UFRJ, 1981.

CHAHLY, A.T. *Descriptive Geometry*, Higer School PublishingHouse. 2ª ed. Moscou, 1968.

CHAPUT, Frère Ignace (F.I.C.). *Elementos de Geometria Descritiva.* 14ª ed. Rio de Janeiro: F.Briguiet & Cia., 1955.

DI PIETRO, Donato. *Geometria Descriptiva, Libreria y Editorial.* 2ª ed. Buenos Aires: *Alsina*, 1957.

GORDON, Oguiyevski. *Curso de Geometria Descriptiva.* 2ª ed. Moscou: Editorial Mir, 1980.

JAVARY, A. *Traité de Géométrie Descriptive.* 1ª e 2ª parte, 7ª ed. Paris: Librairie Ch. Delagrave, 1901.

PINHEIRO, Virgilio Athayde. *Noções de Geometria Descritiva.* Vol.I,II e II. 2ª ed.Rio de Janeiro: Ao Livro Técnico, 1971.

RABELLO, Paulo Sérgio Brunner. *Geometria Descritiva Básica.* Rio de Janeiro: Edição do Autor – www.ime.uerj.br, 2008.

RABELLO, Paulo Ségio Brunner. *Geometria Descritiva Aplicada aos Sólidos Geométricos.* Rio de Janeiro: Edição do Autor – www.ime.uerj.br, 2009.

RANGEL, Alcyr Pinheiro. *Dicionário de Matemática.* texto datilografado pelo próprio autor.

RODRIGUES, Álvaro José. *Geometria Descritiva / Operações Fundamentais e Poliedros.* 5ª ed. Rio de Janeiro: Ao Livro Técnico, 1961.

RODRIGUES, Álvaro José. *Geometria Descritiva/Projetividades e Superfícies.* 3ª Ed. Rio de Janeiro: Ao Livro Técnico, 1960.

ROUBAUDI, C. *Traité de Géométrie Descriptive*, Masson et Cie. 9ª ed. Paris, 1948.

WELLMAN, B. Leighton. *Technical Descriptive Geometry.* 2ª ed. Nova York: McGraw Hill Book Company, Inc, 1957.

Impressão e acabamento
Gráfica da Editora Ciência Moderna Ltda.
Tel: (21) 2201-6662